# 創造性を励起する！

## 小さな尖る会社がこだわる事業承継道

EXCITATION

(株)ナベル 代表取締役社長
永井規夫［著］

日刊工業新聞社

# はじめに

2022年、株式会社ナベルは、創業50周年を迎えることができた。次の新たな50年に向けて、事業の承継とは何だろう。

200人強の社員が家族とともに、私たちの小さな船に乗ってくれている。規模からすれば中小企業である。日本に99・7％ある企業形態の承継である。

ファミリー企業の承継の肝は、自分の立場をいかに後継に引き渡すか。自分の遣り甲斐と責任から、身を引く覚悟が必要だと感じていた。「まだまだ、頑張れ！」との励ましもたくさんいただいている。しかし、芸術家ではない一般の経営者が長く自分の立場を維持することは、次世代の活躍の場面を少なくし、彼らが事業主体として費やす時間を短くしてしまうだろう。

私より、もっとたくさんの知恵と可能性があるかもしれないし、各世代の時代に合った感性というものがある。また、人はみな100年活躍することはできない。人それぞれ人生は違い、後継者の環境も違う。

私には、候補者が実在する幸せがある。世代の継承は有史以来、人間の大きなテーマなのかもしれない。自分の立場を明け渡す考えは持てたが、後継者や社員の仲間に、創業者の考え方や私たちのビジネスの哲学を語ることが重要だと考えた。


今、私たちが顧客に受け入れられて日々生産している製品は、50年後にはきっとないだろう。とすれば、残すべきビジネスのエッセンスは何か？

私たちの製品は、ジャバラである。機能的なカバーを蛇腹と考えている。そして、コトとしては、顧客が望む環境の形成・向上だ。つまり、顧客のカバーを求める要望に応える素材と製法を選び、エンドユーザーの使用する状況をイメージし、役立つことを願ってモノづくりをすることが当社の変わらぬエッセンスであると、2022年の著書「美しいジャバラを求めて」に書いた。

しかし、まだ十分ではない。言い尽くせていない。

時代は、1991年のバブル崩壊以降、日本の成長が30年立ち止まり、ロシアとウクライナやイスラエルとハマスの戦争が起こる極めて不安定な時期である。日本の経済成長の低迷状況は30年続き、少子化や高齢化が世界に先んじて大規模に進み、かつての右肩上がりの時代は終わっている。企業を大海の目的地に進む小舟に例えれば、波の高さや天候の状況は厳しいというほかない。

人口減や少子化、高齢化が、今の日本の経済停滞の理由なのだろうか。どうすれば、企業が生き残れるか。どうすれば、日本の競争力が復活するのか。日本の底力を信じ、そのことに自分の会社の変革・承継を重ねて考える時間が長く続いた。

1972年に永井蛇腹として誕生した当社は高度成長、そして低成長時代を過ごし、経済が立ち止まった1992年に第二の創業期を迎えている。その後、時代の流れ、需要の変容に翻弄されながら、みんなで一生懸命頑張ってきた。おかげ様で経済の大きな動きに助けられ、またお客様の支持をいただきながら、企業の成長をみんなで成し遂げてきた。

しかし、この先はどうだろう。

2010年のリーマンショックの後、事業の困難に立ち向かうために自分の考えを少しでも社員全員に届け、ベクトルを共有しようとエッセーを書き綴り、送ることを始めた。すでに、現在まで220号を超えているが、その中に今回のテーマに沿ったものが含まれていたので適宜、本編で紹介していきたい。

思うに重要なことは、どのように社会の新しいニーズをつかみ、社会に受け入れられる新しい製品を生み出すのか。これは、当社の事業承継のみならず、わが国の復活を考える上でとても重要だと考えてきた。創造性を照らし、付加価値を生み出し、市場で評価を受けるのだ。生まれながらにして持つという全員の創造性に火を灯そう。

中小企業の取り組みという視点で、創造性をいかに生み出すか。まだ、わが国は頑張れるという提言を試みたい。

この本を上梓するに当たり、前著の「美しいジャバラを求めて」同様、日刊工業新聞社書籍編集部の矢島俊克氏に大変お世話になった。改めて、御礼を申し上げたい。

2024年12月

株式会社ナベル　代表取締役社長　永井　規夫

# 創造性を励起する!

## 小さな尖る会社がこだわる事業承継道

目　次

はじめに・1

第1章 わが国の現状を分析する

人口減は経済停滞の理由なのか・10
江戸時代と北欧に学ぶ人財教育のアプローチ・12
▼江戸時代〜平和な世の中で育まれた顧客主義・14
▼北欧・デンマーク〜世界を相手にしたバイキングの気質・18
技術の積み重ねが人を育てる・23
倫理観に基づく教育制度の確立を・28
なぜ、日本の再興に時間がかかっているのか?・32
失われた30年の実態・36

第2章 中小企業に創造性が必要なわけ
需要には賞味期限がある・42
絶えず需要をひねり出すのが創造性・48

第3章 中小企業の創造性のとらえ方
先人の積み重ねの上に新しい価値は生まれる・54
経営理念で創造性を強化する・58
ジャバラとは何だろう・62
▼戦略領域の特定・63
▼時代のニーズに合った社会的貢献・69
▼三現主義もエンドユーザー志向から・69
▼完璧ではないからこその陽転思考・70
▼無限の可能性に気づく自己発見・71
創造性とイノベーションの違い・77
日本の楽しみな動き・90

## 第4章 ナベルの創造性への取り組み

ニーズの発見　・94
疑問を持ち、そして考えよう　・95
他人と自分へのインスパイア　・99
観察・洞察・実行力を磨く　・104
限界ぎりぎりの追求　・110
アイデアをつくり出す原理と方法　・115
近年における創造活動の実例　・118
▼2011年　折り畳みソーラー　・118
▼2015年　Eco Cubic Filter　・130
▼2018年　協働ロボットカバー Robot-Flex　・135
AIと創造性について　・142

## 第5章 クリエイターになろう

思いを伝える手段を探す・146
創造の楽しみ・150
人の縁と当事者意識の関係・154
戦略領域の意識的深掘り・158
人財を残す・160
表現能力について・164
創造性の獲得とリーダーシップ・165
信天翁というエッセーにした理由・167

おわりに・170
付録　料理で創造性を試す・177
参考文献・187

# 第1章

# わが国の現状を分析する

## 人口減は経済停滞の理由なのか

経済的停滞の原因は何だろう。人口減は経済的停滞の理由ではない。なぜ、現状低迷が続いてしまっているのだろう。

「失われた？　30年？」と言われるように2024年、日本の状況はかなり国際社会の中で追い込まれている。世界的に観ても奇跡的な戦後の復興を成し遂げ、40年に及ぶ経済的成長は、1991年のバブル崩壊で一気に調整と立て直しの時期が始まり、各業界の再編が進んではいる。

しかし、残念ながら失われた30年と言われる状態が続いている。国際競争力を示す通貨としての円の価値も下がってきている。また、2022年の労働生産性（時間当たりおよび就業者一人当たり）は52・3ドル（5099円）で、OECD加盟国38か国中30位だ。

さらに、1995年に15歳から64歳までの労働人口自体が減り出し、2008年には総人口も減少に転じた。現在、2024年1月1日時点での人口は、1億2000万人であり、推定では、２０５６年には1億人を切ると言われている。日本が、１億人の壁を突破したのは１９５６年であるから、１億人越えの状況は、１００年で終わることになる。２０２２年は、人の死亡による自然減が１５０万人、プラス要因の出生が70万人で約80万人が減少している。これは、福井県民全体の人口に相当する。ピッチの早い人口減少、高齢化、少子化がバブル崩壊の後、日本経済に追い打ちをかけている状況だ。

確かに、需要と供給の両方に人口は大きく関わる。モノづくりもサービスも人が生み出し、その消費も人だからである。連日マスコミがこの問題を取り上げ、政府も異次元の少子化対策など問題点の解決に動き出している。

人口減少は進んでいる。しかし、私たちが短いスパンでこの流れを変えられるものではない。この人口減少は、30年の経済状況の理由なのだろうか？

過去の経済成長、東京への一極集中、核家族の増加、かつての家族形態の変容、女性の高学歴化、社会進出に伴う晩婚化の結果であり、人口減少が経済停滞の原因ではないだろう。逆に、この人口悲観論による国民意識の閉塞感こそが問題ではないか。

どう対処するか。世界各国に先駆けてこの問題と戦っている日本は、むしろ国際社会から注目をされている立場にある。失敗例になるか、模範になれるのか。

足踏みをしている30年の間に誕生した若者は今後、実社会の主役になっていく人材だ。マスコミやSNSなどでの悲観論、閉塞感の伝染からもっと遣り甲斐のある環境に、みんなでつくり変えていかねばならない。人口が右肩下がりでも、規模に合った実質的な成長を果たす前向きな意識にしたい。少なくとも私の周りの若者たちも、一度しかない人生で自分と家族の幸せを守るため、みんなが必死に頑張ろうとしている。

## 江戸時代と北欧に学ぶ人財教育のアプローチ

人口減少が止まらない状況ではあるが、規模に即した発展がないかと前に述べた。そこで参考になるのが、260年も平和が続いた日本の江戸時代における人口と産業の関係についてである。さらには、一年の半分が雪と氷で閉ざされる北欧諸国で、特にデンマークの事例を紹介したい。

その共通点として、人口は少ないが元気で戦略的であり、基本的に人材教育への取り組みが進んでいる点が挙げられる。

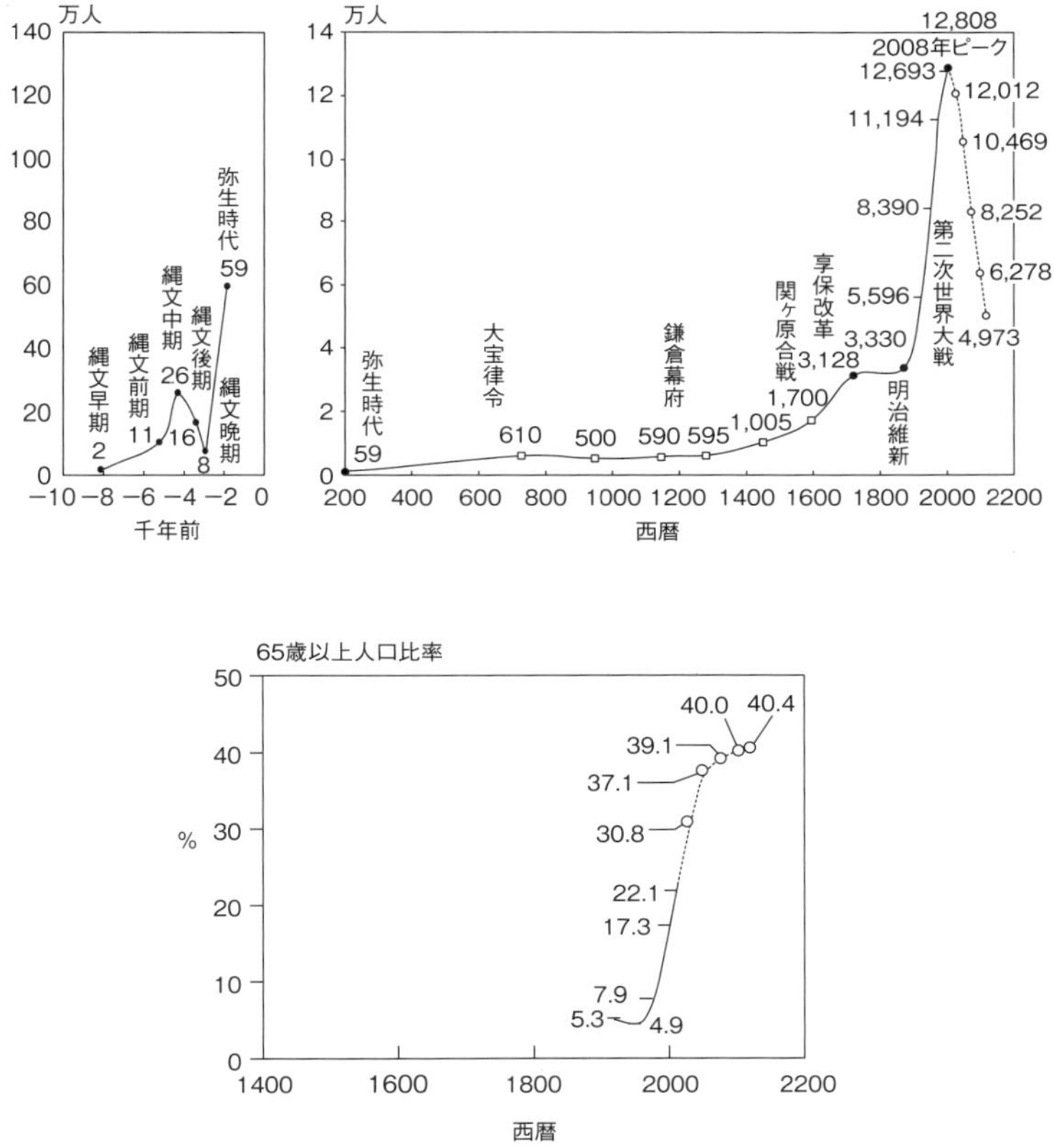


出所：明治維新までは鬼頭宏「図説人口で見る日本史」（2007）、および深尾京司ら編「岩波講座日本経済の歴史（中世）」（2017）
1920年、1950年、1975年、2000年は総務省「国勢調査」、2008年は総務省「推計人口」、将来の5時点、2030年、2050年、2075年、2100年、2120年は国立社会保障・人口問題研究所「日本の将来推計人口（令和5年推計）」の出生中位（死亡中位）推計

日本の人口超長期推移

## ▼江戸時代～平和な世の中で育まれた顧客主義

1600年に関ヶ原の戦いが勃発し、徳川時代の足掛かりができた年、人口は1270万人であった。そして江戸時代を通じては、おおよそ3000万人程度の人口推移であった(13ページに示す)。今の4分の1の規模である。さらに、医療制度の充実、医薬品の開発などにより平均寿命が大幅に伸びている現在と比較しても、事業に費やせる人間の総時間は大幅に制約されていただろう。明治維新の頃は3330万人の人口を数えた。この人口でわが国は近代化を進め、第二次世界大戦後は8390万人の人口で、焼け野原から戦後の高度成長を実現している。

現在の方が、はるかに人口は多い。ここでも量の問題ではなく、人間の質の問題であり、人づくりの基本は教育であると考える。

「江戸の教育力」の中で作者の高橋敏氏が指摘しているように、動物の中で最も無能な状態で生まれてくるヒトの赤ん坊を、一人前の人間に成長させることが教育の原点だと思う。高橋氏は、江戸時代の教育を文字文化と非文字文化に分けて解説している。文字文化では、寺子屋制度は欠かせない。そして、その前提として幕府は全国共通の書体を設定している。「御家流」という書体の統一を実施し、公文書書体を明確に取り入れている。教え、学ぶための基本（標準語）を定めたのだ。

寺子屋は、各地域に私塾として発展した。各地域の地名や人名などの読み書きから始まり、商売に必要な計算など、平和な時代に社会生活を不便なく過ごすための学習が行われた。当時、義務教育制度はなく、寺子屋側にすれば他の寺子屋との競争の中で自社の評判を高める努力が必要となった。

このため、教育内容も鎌倉時代やその後の儒教や仏教を基本とし、倫理への理解を尽くすことができて初めて読み書きそろばんを習えるというように、人のあるべき道を究める教育が盛んに行われている。ヒトから人間へ、社会に役立つ人物を輩出することが目的となった。これは余力学文であり、礼儀作法の教えである。現代社会においても必要な要素だろう。実語教や童子教などの教科書は、道徳的な内容が豊富である。教育に、躾が当たり前のように取り入れられている。

江戸時代は、地域や村が若者を育てる「若者組」など非文字文化においても、人間づくり（教育）の体制が今よりも当たり前の形で、全国各地で実践されていた。国づくりの前に地域・村づくり、その主役の人づくりがあまねく、わが国の形をつくっていったと考える。今こそ私たちも、現代の形に合った教育体制を構築しなければならない。350年続く京都花街での舞妓さんから芸者への人材育成も、まさしく素人からプロになっていく人間教育の実践である。

江戸時代は歴史上、かつてない平和な時代であった。1615年、大坂夏の陣で豊臣氏を滅ぼした元和偃武から、1867年の大政奉還まで2世紀半の間は天下泰平の時代だった。海外からの侵略もなく鎖国制度がとられ、多様な日本文化が花開いた時期、ビジネスにおいてもさまざまな知恵が生み出されている。

## 三井越後屋　松阪出身の三井高利（1662～1694年）

当時の呉服商は屋敷売りが主流で、店頭で販売を行い、一反売りから切り売りに幅を広げ、仕立ても即座に対応した。支払いは、現金安売り掛け値なしと、キャッシュフローを改善。ロゴマークの入った高級番傘を大量に用意し、顧客や潜在顧客を広告塔に仕立てた。シェアリングビジネスも芽生えている。両替商では大阪の銀、江戸の金の流通に着眼し、公金為替で「大坂御金蔵銀御為替御用」として、銀行のような活躍で財を成していく。

顧客を武士と町人に定め、顧客の利便性を追求したビジネスのスタイルだった。あのピーター・ドラッガーも、「マーケティングは１６５０年代、三井家の始祖（三井高利）によって生み出された」と述べている。

## 「越後屋に衣さく音や衣替え」　宝井其角（１６６１〜１７０７年）

## 越中富山の薬売り　富山藩２代目藩主　前田正甫（１６４９〜１７０６年）

自ら助けられた「反魂丹」を全国に普及させた。つくり方をオープンにすることで流通を促進。さらに、先用後利というビジネスモデルをつくり、「懸場帳」という帳簿兼顧客名簿を活用して需要予測や顧客とのつながりをビジネスの継続に活かしている。

ここでも、従来顧客の維持・新規顧客の開拓というマーケティングに直結している。財政難という逆風に対し、創意工夫と市場開拓の発想で今につながるビジネスである。

## 京都花街 舞妓さん

江戸時代、平和で安定的な社会が生まれると、全国の神社仏閣や港町、街道沿いに人が賑わい、茶店などが発達して花街が形成されていった。中でも京都五花街は、舞妓・芸妓の育成システム（女紅場・踊りの会など）が整い、一見様お断りのビジネスモデルの中、信用を基礎としたきめの細かい顧客主義のサービスが構築された。以来、350年以上にわたり、おもてなしの仕組みを紡ぎ続けている。

この仕組みには、料理屋、呉服屋、花屋、小間物屋、仕出し屋や化粧師や結髪師などのサプライチェーンが分業制で整っている。最近では、現金取引でお茶屋の雰囲気を楽しめるお茶屋バーなるものも開発されて、古来の伝統に革新をもたらしている。「一見様お断り」は変わらずに。

戦争のない安定した社会であるがゆえに、顧客主義が工夫によって成り立ち始めた時代ではないか。「お客さんの前を掃く」発想が基本である。

### ▼北欧・デンマーク～世界を相手にしたバイキングの気質

人口に頼ることがしばらく現実的ではないとすれば、現在、人口が少なくても頑張っている参考になる外国はないだろうか。北欧諸国はどうだろうか。スカンジナビア半島のスウェーデン・ノルウェー・デンマーク・フィンランド・アイスランドの諸国は、全部足しても人口は約２８００万人である。

（スウェーデン：１０５５万人、デンマーク：５９８万人、フィンランド：５５６万人、ノルウェー：５２５万人、アイスランド：38・４万人　グリーンランド：５・７万人、フェロー諸島：５・２万人）。

なぜ、北欧に興味を持ったかと言えば、仕事の関係で身近にいくつかの企業があった。協働ロボットのパイオニアであるユニバーサルロボット、ポンプのグランドフォスなど北欧企業だ。彼らの国際戦略に触れることがあった。彼らは、人口が少なく一年のほぼ半分が雪と氷で閉ざされていて、子孫を残し国力を繁栄させるために、最初から自国内だけでなく国際市場をマーケットととらえている。

何か学べる点はないか、そして、なぜ彼らは強いのだろうか。直感的に、バイキングが源流ではないかと考えた。

西暦８００年代、航海術と造船技術に長けた人々によるバイキングエージが約２００年続く。最初こそ修道院の襲撃やキリスト教徒との争いで野蛮な印象があったが、その後はビジネスの世界に進出し、信用を重んじ、郷に入れば郷に従う流れをつくっていったらしい。

今活躍している国際企業を以下に挙げてみよう。携帯電話のノキア、家具のイケア、玩具のレゴ、糖尿病治療薬のノボノルディスク、自動車のボルボ、発電送電機器のＡＢＢ、コンプレッサーのアトラスコプコ、通信システムのエリクソン、スウェーデン鋼ボールベアリングのＳＫＦ、フロンを使わない冷蔵庫で有名なエレクトロラックス、超硬工具のサンドビック、薬品のアストラゼネカ、包装容器のテトラパック、海上輸送のＡ．Ｐ．モラー・マースク、軽金属のノルスク・ハイドロなどである。

中でもデンマークは２０２２年、スイスのビジネススクール国際経営開発研究所ＩＭＤが30年続けているランキングで、世界の経済競争力で第１位になった（２０２３年はアメリカが１位に返り咲き、デンマークは４位になっている。ちなみに日本は35位だ）。

デンマークは、ビジネス環境が整った国として知られている。風力エネルギーや再生可能エネルギー技術など、企業は持続可能なビジネスモデルの採用を推奨される。コペンハーゲン周辺ではスタートアップエコシステムが活発で、新しいビジネスモデルやテクノロジーが生まれやすくなっている。

政府も研究開発やイノベーション活動に対する税制優遇措置や、補助金等ビジネスが生まれやすい環境を整えている。しかも会社設立が非常に簡単で、オンラインで短期間に終えることができるようだ。法人税率も22％と、欧州地域内でも比較的低い状況にある。ビジネスのデジタル化も進み、ＩＴや電子取引などの環境整備にも取り組みが進んでいる。

日本と同様、規模が非常に小さい中小企業が多い。だが日本とは異なり、人件費も生活費も非常に高い。そして、小国だから国内市場は小さい。だから成功している企業は例外なく、国際市場をマーケットととらえている。海外の顧客が、高い価格でも喜んで払うような製品やサービスを提供しているのだ。顧客への付加価値を高める戦略をとり、低価格競争はしない。海外の顧客の支払意思額や市場に対する期待などの感覚を知るという、真の意味でのダイバーシティーも備わっている。すでにあるものをコピーし、価格での競争力を求める姿勢ではなく、価値を創造しプライスメーカーとしての立ち位置を維持する。

デンマークでは大企業とされている企業の共通点は、一つのニッチな分野に深く特化している点にあろう。上記の企業群も社会的に必要なニッチを極めている。先に触れたが、当社のビジネスに関わるポンプメーカーのグランドフォスも強いブランド力を誇る。そして、こうした企業が狙うのは「アップマーケット」と呼ばれる高級市場だ。成功している企業の共通点は非常に創造性に富み、国際的視野を持ったニッチに特化した企業である。また、江戸時代の日本で述べたように教育レベルは高い。

作業現場の溶接工や機械オペレーターなどでも、教育水準が高いため専門知識を持った労働者が多く、労働市場は柔軟性が高く、高い労働生産性を誇る。子どもの頃から先生に対しても意見を言うよう教育されてきたこともあり、上司や社長に対しても物申す企業文化がある。そんな〝フラットさ〟が自由なアイデアとイノベーションを育んでいるらしい。国際市場で勝負するには自分で考え、論理的に意見を言える人間を育てることが必要だ。

生成ＡＩが人々の仕事を奪うかもしれないという流れから、政府はリスキリングの名の下に学び直しを唱えている。しかし、私は付け焼き刃的な新しい技能を身につけるだけでなく、わが国に合った教育制度が根本的に見直されなければならないと考えている。つまり、日本では、答えを学ぶ教育が盛んで、問いを考える学問にはなっていない。

詰め込み教育やゆとり教育のいずれも程度の差はあれ、知識を子供に強要する。知識によって、考える力が自然と生まれるという思想なのだろう。しかし、人間には知識欲というものがある。その知識欲を発揮し、学ぶ喜びを感じさせれば、知識の量を問わなくても自然と知識はどんどん増え、その過程でモノを考える習慣が身につく。知識の量ではなく、教育の質を考えることが必要なのではないか。つまり、答えを覚えるだけでは、なかなか国際競争社会で通用しない。

デンマークでは、国際社会で意見が言える人材を育成するために、ペーパーテストを廃止して以下の3つを基本に教えているらしい。それは、スポーツと絵を描かせること、そして演劇だ。自分を表現する方法と楽しさを学び、演劇ではその自己表現の他人の評価も感じ取れるという双方向の教育だ。パブリックスピーチとドラマを教える機会が日本の教育にはない、と分析していた元三重県上野高等学校校長の友人の言葉を思い出す。

日本では、「第一次世界大戦は何年に始まったか？」と、記憶に頼る答えを問う。しかし米国では、1914年に第一次世界大戦が始まったが、なぜこの戦争は起こり、世界を巻き込んだのかと問いかける。この問題に対する回答には大量の資料を読み込む必要があり、思索をする、考える力が身につくはずだ。このような訓練が、国際社会で自分が一員になれる条件ではないか。今の国際社会の状況への思いも考えていくだろう。

## 技術の積み重ねが人を育てる

一つの質問であっても、問い方で人の成長が変わる。

過去の日本、北欧の人口にこだわらない実態を見てきたが、自己主張を重んじる欧米と、儒教を中心に目上を敬う日本の違いこそあれど、ヒトから人間への教育の重要性が共通したポイントと考える。ヒトは、そのままでは人間に育たないのだ。

日本の場合は、さらに外国とは違う特徴がある。たとえば、三大神勅に斎庭の稲穂がある。稲の育成を神勅で国づくりの基本を定めている。稲の育成は、現代社会では製造業の育成と考えられる。モノづくりを基本に置いて国づくりを考えているのである。

日本人の特徴は、技術の伝承にも現れている。およそ20年に一度、伊勢は外宮も内宮も社を移し建て替える。式年遷宮だ。その際、社のみならず、御装束神宝が総数にして714種、1576点つくり変えられる。この工程で、モノづくりの技術が受け継がれていく。三重の女性経営者に伺った話だが、55歳の前棟梁が35歳の息子である現棟梁を見守り、15歳の孫が現場での技術習得に努める。平均寿命年齢が今とは違う環境だが、このような技術承継の連鎖ができ上がっていくことは確かだろう。素晴らしいことだ。

外宮にある遷宮館は、一度は足を運ばれることを勧める。海外からの協力者をいつも好んでお連れするが、米国人、ドイツ人、台湾人と案内したすべての人が深く感銘を受けている。日本のモノづくりの奥行きの深さに驚いているようだ。また、日本は技術の積み重ねが得意である。一つの技術を簡単に捨てず、改良を加えていく。伝統を重んじる国民性を強く感じる。

春夏の高校野球も１００年以上の伝統を誇る。国民が安心して、モノづくりや文化活動に勤しめるのも、わが国に古代より受け継がれた天皇制が、時の政権とは別にあったからかもしれない。教育に古事記や日本書紀にある神話を教えていないのは残念なことだ。神話を教わる機会が私たちにはない。

２００年を超える長寿企業が多いのも日本らしい。モノづくりと技術の承継の仕組みに外国の訪問者が目を丸くし、感動して帰っていくその姿に、私は誇りを覚える。

そして、人間が生まれながらにして持つというこの創造性の発揮、つまりイノベーション技法の承継が企業の存続に極めて重要に作用する。そしてそれが今、日本が忘れかけている本来の日本人らしさの復活になると考えている。

な問いかけです。自分が記憶したことを探して述べてもダメで、自分独自の主張を述べると評価されるといった違いでしょうか？」と語る。とても鋭いご指摘だ。

私たちはエリートではない。答えを求める教育制度について行けなかった時期がある。つまり、教育指導要領に沿った学習に従えなかった。理由はさまざまだが、コツコツとはできなかった。日本の制度では落ちこぼれに当たるようだが、私も劣等生だっただけに納得がいかない。もっとも、負け犬の立場も時には心地良い。

「ダメだった」は、努力をしない言い訳になる。確かに一部の天才を除き、エリートたちは頑張って努力したはずだ。エリートが社会人になって地位と給与保証を得た後、何か新しいことを生み出し続けるかと言えばなかなかできない。「前例がないからできない」という官僚と同じだ。変化を好まなくなる。今の地位を変えたくはないからだろう。見えない真実を追求し挑戦できる人間は、ひと握りもいない。

少子高齢化が進み、ハングリー精神がなくなった日本はこのまま沈没していくのだろうか。 教育とはいったい何か。エリートにも劣等生にも欠けている教育がある気がしてならない。最低限の知識はもちろん必要だが、学校で学べる知識などそう多くは望めない。知識を得る術とその楽しさ、それらを知れば足りる。知識は生きていく上で、自分にとって次の新たな知識につながらなければ意味がなさそうだ。

それは、違和感を覚えることができる感性と、なぜだろうと考える力をどう養うか。パスカルが言うように、人は考える葦なのだ。この言葉を14歳で習ったが、意味を理解できたのはもっと後で、さらなる知識と思考がたくさん必要だった。私たちのモットーに、「なぜから始めよう」を掲げた。 なぜこうなっているのか、その理由を現場・現物を通して新たに勉強していくこと。これを継続していければ、楽しくもあり、新たな知恵に基づく社会貢献ができるのではないか。自立とはそういう意味であり、自律できる人間を育てることが教育である、と今回の出張で感じた。

# Let's start from Why

## 問いを考える重要性

私の友人に茂木恒という人物がいる。1957年生まれ、私と同い年。群馬高専を出て、音楽の世界で自分の可能性を見つめて渡米し、その後、三菱商事の米国子会社に就職。資材部を中心に経験と人脈を構築した。私たちもNUSAでの生産開始などで大変お世話になった。

Eco Filterの開発も彼からの依頼だった。仕入れ先から単に安く買うだけでなく、仕入れ先の生産状況にも配慮した継続的マネジメントができる数少ないビジネスマンだ。彼の視点と発言はいつも正鵠を射ていて私はとても好きだが、その鋭さを敬遠する者もいる。とても読書家で、かつ勉強家だ。価値判断の基礎になる情報収集に不正確さと妥協はない。だから、日常を流している人からは畏れられている感すらある。

その観察眼をどこで養われたか聞くと、第二次世界大戦に従軍した父の影響と群馬高専での教育と答えられた。高専での最初の授業は、炎のついた1本の蠟燭を見て、感じ考えたことを英語で記述せよだったそうだ。ここには、答えはない。問いを問うている。この切り口は、どこかで懐かしい感覚を覚える。永井家の菩提寺である臨済宗山渓禅寺の住職は、松島の瑞巌寺で修行をした。そこでの課題はいわゆる禅問答で、「流れる川を止めてみよ」だった。ここでも問いを探させている。12歳からの父の教育も、今から思えばそうだった。三重県産業支援センターの鍵谷さんの指摘だった。

「『器に注いであふれた酒を見てどう考える？』『町に一軒のうどん屋しかないとしたらどう考える？』などどれも、まず自分が問いを探さざるを得ない問いかけです。"答え探し"ではなく、"問い探し"と言ってもいい。自分の考えをめぐらすよう

## 倫理観に基づく教育制度の確立を

世界経済の持続可能な発展のために、現在の富や経済成長を求める姿勢に疑問を提し、今こそ企業の倫理責任と社会的責任を求める教育者の意見をご紹介したい。国立台湾大学名誉教授の孫 震氏による21世紀の儒家思想である。

①人は自制を知るべし
②義を利より優先すべし
③責任は、権利と平衡すべし
④儒家の倫理を企業経営に活用すべし
⑤政権担当者は能力のある賢人であるべし

孔子（紀元前552年もしくは551年から479年）が活躍した頃の中国は、経済が停滞していた時代であった。技術的進歩が欠如しており、個人が富を追求しても社会の総生産量と、一人当たりの生産量や所得は増加せず、国民の福祉は社会の協調と安定によりもたらされ、国民は仲睦まじく平和を享受していた。

儒家が重んじたのは、倫理であり富ではなかった。君主に対して国の統治には倫理精神が重要と説かれていた。倫理とは、人と人との間の維持すべき関係であり、人と人が互いに尊重すべき原則である。倫理の実践が道徳であり、道徳は品格となって現れる。君主には品格が求められた。

産業革命時代、大きな技術革新により、大量生産による需要と供給が爆発するときを迎えた。人々が富を求め得る時代になった。その時代、アダム・スミスは、各自の心が願うものがたとえ自己の利益であっても、予測不能の「見えざる手」のように社会全体の利益に導き、しかも意図的に社会の利益を達成したいと思うときよりも効果的である、と説いている。

人には、利己的な部分と利他的な部分があるとしている。しかし、現代は資源の供給が拡大し、私たちの物質的な貪欲さや利便性に対する欲求が掻き立てられ、個人は富を、国家は経済の成長を追求してやまない。しかも、無限に資源があるような錯覚をしている。こんなときこそ人の大切な本質に戻り、すなわち倫理観を再び持って、持続可能な社会を目指すべきと孫氏は語る。紀元前の時代ではなく、21世紀の儒家思想の大切さを説いている。

とを意味する村八分という制度も、協力体制が前提になっている。米国のような表立った人種差別こそあまり問われないものの、いじめや差別の温床が社会にある。島国根性は、このような環境から生まれた言葉だ。

18歳のとき、ハワイでは白人と黒人の乗るバスは違っていた。日本では、表向きにこうした露骨な区別はしない。反面、島国は海に開かれた国とも言える。外に出て自分を見つめ直すことは、海外渡航の自由が保障された今ではより可能になっている。精神的にも経済的にも、海洋国家であることを見つめ直す時期かもしれない。

留学生を受け入れる社会になっていくべきとの論拠に、教員受験資格が挙げられる。なんと外国の大学の卒業生は、日本での大学資格が与えられていないそうだ。さまざまな国への留学生が考えられるが、国際ビジネスの実用語である英語で見ると、米国や英国などのネイティブ圏の卒業生は、一定の資格試験を受けさせれば英語教員の資格を与えるべきではないか。なぜなら、彼らは一般的な日本の学生に比べ、確実に大学で勉強している。そして、国際感覚を身につけているからだ。少なくとも、井の中の蛙ではない社会を複眼視できる力を持っている。また、悩み考えている。教育者を生み出す制度にこそ国際化が求められている。

北欧では、教育改革で試験をなくした。これで塾通いのダブルスクールがなくなり、子供に時間ができる。代わりに積極的に進めているのは、どんな課題に対しても回答に「なぜ？」と問いかけることだ。なぜを繰り返すことで思考力が格段につき、国際社会で役立つ若者が育つ。米国人と日本人の違いも人から教わるKnow Howではなく、自分で考えるKnow whyである。「どのように？」は、他人を真似ることから始められる。「どうしてか？」は、自分の内省からしか答えが出せない点が大きく違う。「なぜ？」と問いかけるには熱量が要り、習慣化しないと身につかない。

# 国際化への道

## Know Why

海外留学生が減っている。2004 年のピーク時から 30％減少して 58,060 人。対米留学で比較すると、194,000 人の中国の 1/10 しかいない。経費と帰国後の就職問題が要因とニュースは告げる。一方で人材育成のために、政府は 2 年以上の留学生に年間 200 万円、2 年未満は月額 8 万円の特別奨学制度を設け、返済は不要だそうだ。

私には高卒後に米国留学する子供たちがいるが、彼らの実態を見ると留学の意義を確認するとともに、国の対応策はやや異なるように思える。日本の国際化を図るため、教育・留学制度を考えることも重要だが、卒業後の彼らを受け入れる日本社会の国際化をまず図るべきではないか。そもそも、日本社会が他とは違うのだから。

私は、18 歳で自宅浪人中、夏期講習でハワイ大学に留学した。当時の為替も円が弱く、確か 30 日間で 50 万円の旅費がかかった。父は、借金を組んでまで私に投資してくれた。その後の 40 年近い自分の人生を考えると、感謝の言葉に尽きる。なぜなら、少なくとも井の中の蛙では通用しない、と考える今の経営思想の基礎ができたからだ。自立と自信が不可欠という意味で、極めて主観的に自分の思いを貫かねばならない中小企業の経営で、自己の客観化という、反面的な側面を活用すべきだと考える素養は、国際化の観点の中で初めて説明ができるからである。

日本は極東の島国である。他国からは干渉されにくく、他国を意識しなくても済む環境が整備されている。このため独特の文化が生まれ、言葉が生まれた。良い点もたくさんある。島国の中では同一の文化が育まれ、お互いを慮ることで社会活動が円滑に進む。お持て成しの質の追求やモノづくりの細かなこだわりも、この安定した社会の中だからこそ生まれたのかもしれない。葬儀・火事以外は協力しないこ倫理観は、人と人とのあるべき姿だが、教育によって人に身につくと考える。私たちは人口減少の時代に、社会的な負担を分担していかなければならない。今こそ利他の精神を、当たり前に持つべきなのかもしれない。わが国の歴史や文化に合った教育制度の創造が必要ではないか。

## なぜ、日本の再興に時間がかかっているのか？

客観的に正しく日本を観て、分析してくれる内外の研究家を探した。彼らは悲観的な見方をせずに、原因を分析して今後の希望を説いている。

1．「新・日本の経営」　ジェームズ・C・アベグレン

終身雇用という言葉を生み出し、日本の経営論の原点になった「日本の経営」を著わしたジェームズ・C・アベグレンが、２００４年にバブル後の10年を振り返って日本の可能性を詳細に分析している。

2.「再興　Ｋａｉｓｙａ」　ウリケ・シェーデ
集団的ニッチ戦略：創造性とディープテクノロジーのイノベーションを日本文化に合った形で取り組み、再興を実現すべきである。

3.「両利きの経営」　チャールズ・Ａ・オライリー　マイケル・Ｌ・タッシュマン
組織を動かすのは希望である。未来への希望があればこそ（こうなれるかもしれないという道筋が見えるからこそ）、難しいチャレンジや厄介な問題と向き合えるのだ。既存の組織能力を踏まえつつ、新規の組織的能力を活かし切るリーダーシップが重要と説く。

4.「ルーズな文化・タイトな文化」　ミッシェル・ゲルファンド
国や文化は、「タイト」か「ルーズ」かで分かれる。「タイト」の場合は社会の結束が強く、人の規範意識が高く、秩序が保たれ犯罪が少ない。反面、社会が硬直しがちで多様性を受け入れにくい。「ルーズ」の場合は秩序を欠くが、柔軟性と多様性、寛容性がある。

なぜバブルが生まれ、何が起こり、なぜ立ち直りに時間がかかっているのだろう。バブルが生まれた理由について、高成長の経済では需要が年に2倍になる場合すらあり、それに対応するために生産能力を2倍にすることが求められた。これにより、旺盛な設備投資の需要が生まれる。結果、銀行借入による資金需要も増え、銀行借入が当時担保価値に強く関連づけられていたので、経済活動が好調で担保価値が上昇すると銀行借入も増え、設備投資が増加した。

この循環で危険水域に達したのがバブルで、地価と株価が3倍に上昇して借り入れと投資が猛烈な勢いで増やせるようになり、投資が見境なしに膨らんでしまった。事業も拡大すれば儲かる、と錯覚を呼んだ。

しかし、いずれつくり過ぎは需要の飽和状態を生み出し、伸びが止まる。生産調整をせざるを得ない企業は給与とボーナスを減らし、人員を減らした。デフレの悪循環を生み出す。資産価値は落ちるが、負債は残り不良債権化する。設備投資は萎み、キャッシュフローは負債の返済と財務基盤の強化に向かう。これが、バブルの生成と崩壊の流れなのだ。つくれば売れる時代は、つくっても売れない時代になり、お金が回らずにつくれない状態になったわけである。

この状態からの回復、事業の再設計に日本は取り組んでいる、として日本に対する明るい提言を行っているのが「新・日本の経営」である。

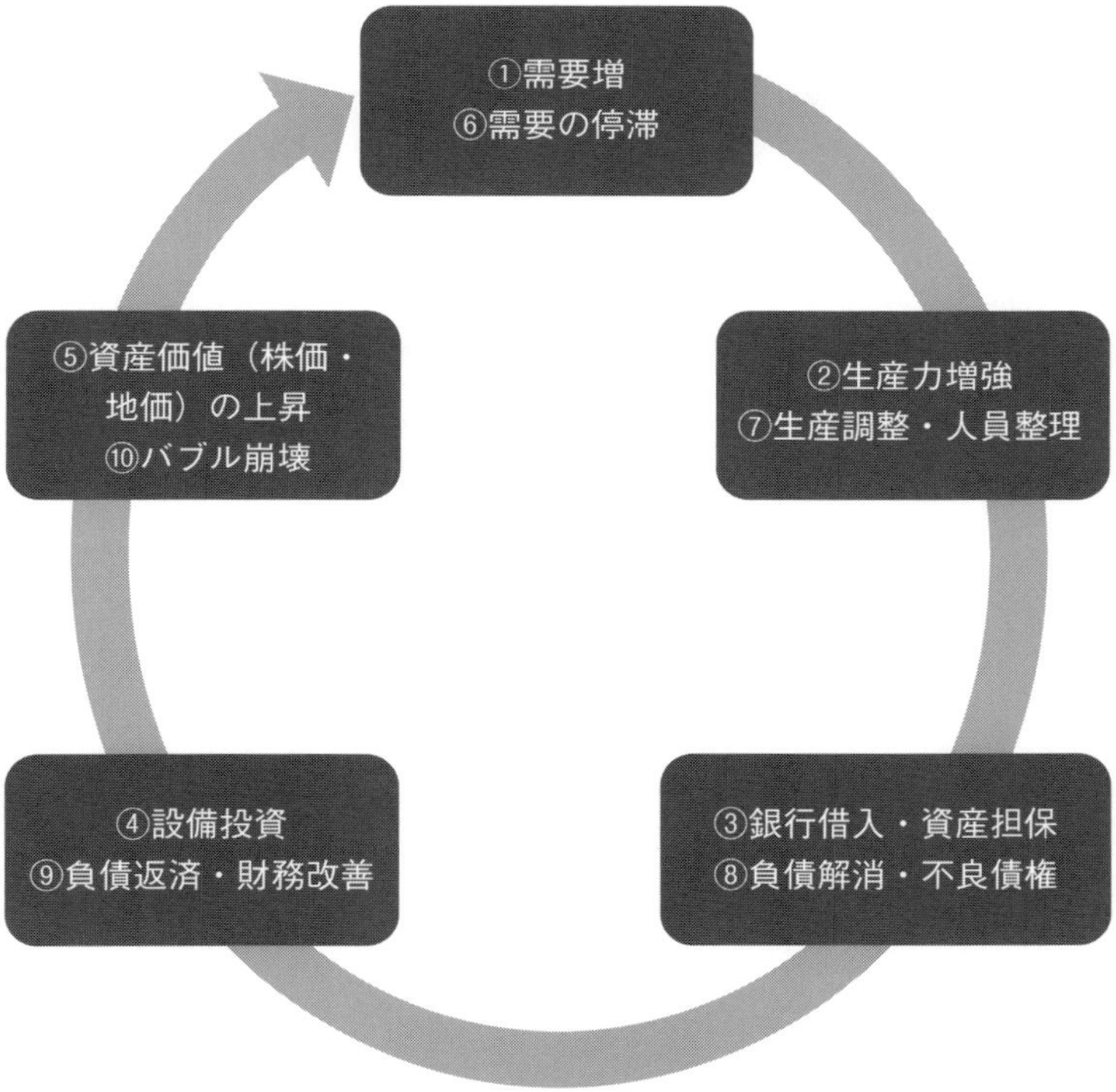


バブル生成・崩壊のメカニズム

## 失われた30年の実態

1945年の敗戦後、食糧難に陥るほど経済は落ち込んでいた、みんなの努力で少しずつ社会が落ち着きを取り戻し、1950年から53年の間は朝鮮半島での動乱があり、景気は特需に沸いた。その後、1955~1973年まで実質経済成長率が10%を超える高度経済成長が続いた。高度成長終盤の安定成長期に入る前年の1972年に当社は創業している。

その頃は、1971年に米国がドルと金との兌換制度の終わりを告げた（ニクソンショック）。そして沖縄の返還、日中国交回復、台湾との国交断絶、田中角栄の日本列島改造論の時代を迎える。1973年には、オイルショックが起こっている。

1986年にバブルが始まり、ソニー、パナソニック、日立、東芝、三洋電機など、多くの日本企業が世界の消費者市場を獲得していった。"Japan as No.1"とエズラボーゲルが書き、私たちもMade in Japanの品質への市場からの信頼を感じ、誇らしい思いで海外展示会に出展し、視察出張をしたものだ。バブルが弾ける理由は先に述べたが、残った負債を処理するために金融機関を含め、大きな傷跡を日本経済に残した。不良債権対策は銀行の統合を進めた。コングロマリット化をして、拡大路線で収益をむさぼった大手は縮小を余儀なくされた。事業の選択と集中に迫られた。

疲弊したわが国の金融機関を生き返らせるために行われた日本版ビッグバンも１９９６年から２００１年、さらに２００２年以降に2回にわたって規制緩和がなされた。

企業数が多く、事業の多角化が経済好調の実態と錯覚の中で過剰に進み、バブルが膨らんでいった。弾けたバブルは、株式市場や不動産市場に10兆ドルの損失を起こしたのである。


私は、その立ち直りが遅れている要因の一つとして、グローバリズム経済の中で、かつて世界の工場であった中国やアジア諸国が消費側に回り、市場が変化したことが原因と考えている。そこでの価格競争に対応する必要があり、生き残りのため生産性向上による利益分をコストダウンに費やしてしまい、デフレの悪循環を生み出したことにあるのではないか。

失われた30年と言われるが、製造業の生産性はわずかに成長していると言う。高度な工作機械やＩｏＴ、インターネットの活用などで利益を生む体質に少しずつ取り組んでいる。そこで儲けた利益を次の設備投資や経営施策に活用しないで、コストカットを進めてしまったのが痛かった。

ごく最近でも大手との価格交渉で、製品価格の値上げに際して資材高騰は認めるが、人件費の高騰は認めないという欧米では考えられない理屈が、真顔で語られたことは記憶に新しい。物価は必ず上がり、賃金の上昇は社員の生活を守るために必要なことだ。
競争を意識するあまり、大切なものを見失っている。私たちは、自らの価値を自分たちが認めることが重要だと思う。価値の意味合いを漠然とではなく、競争力を数値化して示す努力が欠かせないだろう。

加えて経済的低迷が30年も続いてしまった要因は、日本社会の文化にもある。バブルの後始末と再興に、日本社会は他国のような焼き畑農業的な改革を好まず、時間がかかり遅くなるが、社会的な安定を維持しながら着実に対応に進んでいる点が挙げられる。また、20年をかけて雇用改革も進んでいる。メンバーシップ型の採用からジョブ型への移行も進み、労働市場も動き出している。
このわが国の取り組みの積極的な観点が、人口減こそ日本凋落の要因であるとの言説で中身が薄れて伝わり、閉塞感を煽ってしまっているのが残念だ。

ウリケ・シャーデ氏は、日本の再興（リノベーション）のためには「集合ニッチ戦略」を進めるべきと言う。小粒だが極めて重要な素材や部品のセグメントで、ディープテクノロジーにおけるリーダーシップを発揮し、競争することを掲げている。前述したデンマークの企業戦略が思い出される。ニッチのアップマーケットを攻める創造性と国際性だった。

現に日本は、半導体製造装置で世界の3分の1のシェアを取り、半導体材料では半分のシェアを誇っている。サプライチェーンの肝となる部分を、日本がその開発力で支えている構図は崩れていない。日本製鉄の復活も、得意分野に特化した国際的な事業改革の成せる業だ。将来を見据えて、電気炉や水素還元製鉄の開発を進め、カーボンニュートラルに挑戦している。

またニッチを攻めるには、中小企業の利点を活かす方法もある。私たち中小企業は、資金も人材も不足しているが、ニッチな市場を長く深く掘り下げていくことができる。意思決定も早く、現場に近い利点を活かして、日本人特有のモノづくりにこだわる経営に立ち返るべきときかもしれない。

再興のためには、今までの基幹事業である成熟した事業と、新しい未来の事業の両方に目を配った「両利きの経営」が必要であると説く。確かに、今まで成熟してきた事業を手放す必要はない。しかし、新規の事業に今までのやり方は通用しない。組織の見直しや、大きな変革が必要となる。バランスを取った変革が求められている。

漸進的なイノベーションから飛躍的なイノベーションが求められ、それを支える内部の管理や事業改革を進めて行くことが求められる。日本製鉄の事案も、両利きの経営の実践であるように思う。

今後わが国が再び復権するためにも、やはり創造性は欠かせない。私たちも経済停滞の理由を人口減少とせず、より良い社会のためのアイデアを集めていくべきである。それには、一人ひとりの創造性に灯をともすことから始めよう。他者の誰にも制限ができない、人間の内心の自由から生まれ得るものだからだ。創造性の必要性は国のみならず、当社にも当てはまる。

次章では、中小企業にとっての創造性の意義を、当社の事例をもとに考えてみたい。

# 第2章

# 中小企業に創造性が必要なわけ

## 需要には賞味期限がある

子供の頃、蚊帳のある家で育った。夏になれば蚊帳を吊り、その中で眠った。夜、蚊帳の外にはたくさんの蚊が集まっていて、裾を持ち上げて自分が中に入るにも工夫が要った。家族で基地をつくって眠るワクワク感があった。

家の中は、建具をあければ風が通り、夏は庭に打ち水をしてその気化熱で涼を取る。障子は、紙の襖と夏用の簾のような仕様があり、季節の変わり目には入れ替えを行った。日本の夏は蒸し暑く、工夫を凝らしながら凌ぐ技を懐かしく思う。冷蔵庫がなかった家では、氷を買いに行って保存し使っていた。季節の変化とそれに対応する人々の工夫が生活に密着していた。

戦後密閉型の住宅に代わり、エアコンは全国に広がったが、襖や簾、蚊帳などは市場から消えて行った。畳を扱う業者も少なくなった。張り替えた畳のイグサの香りが懐かしい。町の氷屋ももはやない。

このように需要は、生活スタイルの変化や技術革新で蒸発していく。需要は変動する。本業が消滅して事業の継続が困難になる事態は、生活必需品などを除いてどの企業にも、誰にも起こり得ると考えるべきだろう。

１９９５年に労働人口が減少し始めた。そして、２００８年には総人口が減り出した。受益をどう分配するかを考えた右肩上がりの社会はなくなり、あまり経験したことがない、どのように負担を分担するかを考える必要に迫られていく。需要の変化だけではなく、後継者の問題も現実化する。わが国には、サプライチェーンの主役が消える供給側の課題ものしかかる。人口減による国力の衰退は、これからが本番かもしれない。

世の中に新しい製品を提案し、新しい市場をつくり出していく必要が、私たち中小企業にはある。バブル崩壊以来、30年に及ぶ失われた時代に、私たちは座して衰退を待つことはできない。中小企業だからこそ、真剣に真摯にこの課題に立ち向かうことができると言えよう。

私は、１９７２年に創業した株式会社ナベル（旧永井蛇腹）の二代目経営者である。２００５年から重責を担っている。

カメラの蛇腹で世界一の品質を市場に提供しようという高い志の下、後発メーカーでありながら素材の開発から製法の開発を尽くし、ポラロイド・ハッセルブラッド・富士写真フィルムなど世界のカメラメーカーに採用された。製版カメラ部門では、いずみや（後のＴｏｏ）と大日本スクリーン製造の両雄に採用されるなど、私の最初の仕事はその荷造りと発送だった。ハッセルブラッド社は、先ほど述べた北欧スウェーデンの中版カメラメーカーで世界一の品質を誇る。

今、当社が扱わせていただいている製品は、カメラにとどまらず工作機械や精密機械、半導体製造装置、医療機器、マテハン機器、産業機械など広い分野での機能的なカバーである。これらのアイテムは、時代のニーズに合っている機械の部品であるためそれぞれの機械の需要に左右されるが、継続的なビジネスが成り立っている。しかし50年後、１００年後、そして未来永劫存在し続けるものだろうか？

当社は、今までに大きな市場の変化を二度経験している。具体的には次の２つだ。

①デジタル化によるカメラ用ジャバラの衰退

②ファイバーレーザ化によるＣ$O_2$レーザ加工機の衰退

まず、創業のアイテムであったカメラについて見てみよう。カメラ用ジャバラも技術革新

製版カメラ

が激しいカメラの歴史に翻弄される。

デジタル化の波は怒涛のように押し寄せ、光学機器工業の様相を一変させた。当社の創業期の顧客であったインスタントカメラで有名なポラロイド社も今はなく、上記したようにデジタル化に乗り遅れ、しかも本業以外の派生分野をすべて切り離してしまったコダックは倒産し、今や全盛期の10分の1となる６０００人ほどの会社として維持存続している。

富士フイルムも、本業喪失の経験を乗り越え、今は創業時の社名から〝写真〟の文字がなくなった。１００年プリントという製品で培った化学技術の分野を発展させ、医薬品や化粧品に加えて医療機器事業に成長の足場を変革していっている。

なぜ、写真は人の心をつかむのか。私は、誰もの人生が、やり直しの利かないたった一度のものという本質的なところに理由があり、人々は人生のひとコマを思い出として残したいと考えるのだろう。

一枚の写真がその時代に私たちを引き戻し、時には当時の香りまで蘇らせる経験は誰しもあると思う。人間が一人で生きているのではなく、社会の中で巡り会った家族や知人、友人たちと遭遇しながら生きているという点も、他者とのつながりを求めることになり、写真はそのツールとして記録される媒体であることも大きい。

デジタル化は、その写真をなくしたわけではない。より便利に、使用できるように質と量を変えた。アナログからデジタルの変化が流れになった。もはや、光と感材の織り成す表現は限りなく少なくなってしまった。したがって、光の環境を整える蛇腹ももはや限られた製品でしかない。デジタル化という技術革新で、私たちの当時の本業はなくなっていった。

カメラ事業の変遷

| | |
|---|---|
| 古代 | カメラ・オブスクラの発明 |
| 1862年 | フランス　自動的に記録するカメラの開発　撮影時間 1 枚 8 時間 |
| 1839年 | フランス 「ジルー・ダゲレオタイプ・カメラ」世界初一般向けカメラ撮影時間 1 枚 30 分 |
| 1841年 | イギリス 「ネガ・ポジ法」を開発　焼き増しが可能になった。撮影時間 1 枚 2 ～ 3 分 |
| 1848年 | 長崎の上野俊之丞が日本に輸入 |
| 1902年 | 日本で初めてカメラが発売。すべて白黒写真 |
| 1935年 | コダックから日本初のカラー写真発売 |
| 1996年 | Advanced Photo System（APS）が世界標準規格で発売。富士写真フイルム・イーストマンコダック・キヤノン・ミノルタ・ニコンによる共同開発 IX240 |
| 1996年 | ノキアが電話機能付きPDA 端末を投入 |
| 2007年 | iPhone（スマートフォン）発売。モバイル向けオペレーティングシステムを備えた携帯電話 |
| 2008年 | Android 対応携帯電話が発売される |
| 2012年 | コダックが倒産。1975 年に開発したデジタルカメラも封印。デジタル化に乗り遅れ、2000 年代以降の急速なフィルム市場の衰退に伴い業績が低迷 |
| | コダック・モーメントとは、かつては写真撮影の決定的瞬間（シャッターチャンス）という意味だったが、市場が急激に変化する決定的瞬間を指すようになり、イノベーションのジレンマおよび破壊的イノベーションの代表的な犠牲者として知られるようになった |

## 絶えず需要をひねり出すのが創造性

次に、$CO_2$レーザ加工機がファイバー化できたことで、私たちが開発したレーザ光路用ジャバラの需要がなくなる事例を紹介しよう。「燃えにくい長いジャバラはできないか？」。$CO_2$レーザ加工機の光が通る路を伸縮しながらカバーしたい、という顧客要求が発端だった。

当時、市場に出始めた$CO_2$レーザ加工機は、気体レーザの一つでヘリウムや窒素を混合した炭酸ガスが媒質となり、光を増幅させる機構となっている。$CO_2$レーザの波長は10・6µmと9・6µmの2種類を中心に、9・2〜10・8µm程度の長い波長のレーザである。レーザの基本波長は1064nmであり、一般的に利用されるレーザの中では最も長い波長体を持つ。この長い波長のレーザは、材料に熱を加えて金属などを加工するのに適している。

発振器から出て直進するレーザビームは、各軸で光学機器であるミラーによって方向を変えるが、加工物・加工点を変える理由で光路間の距離が伸縮する。そのレーザビームをカバーするのが光路用ジャバラである。目的は、光路内の密閉性・防塵性と反射光による焼損

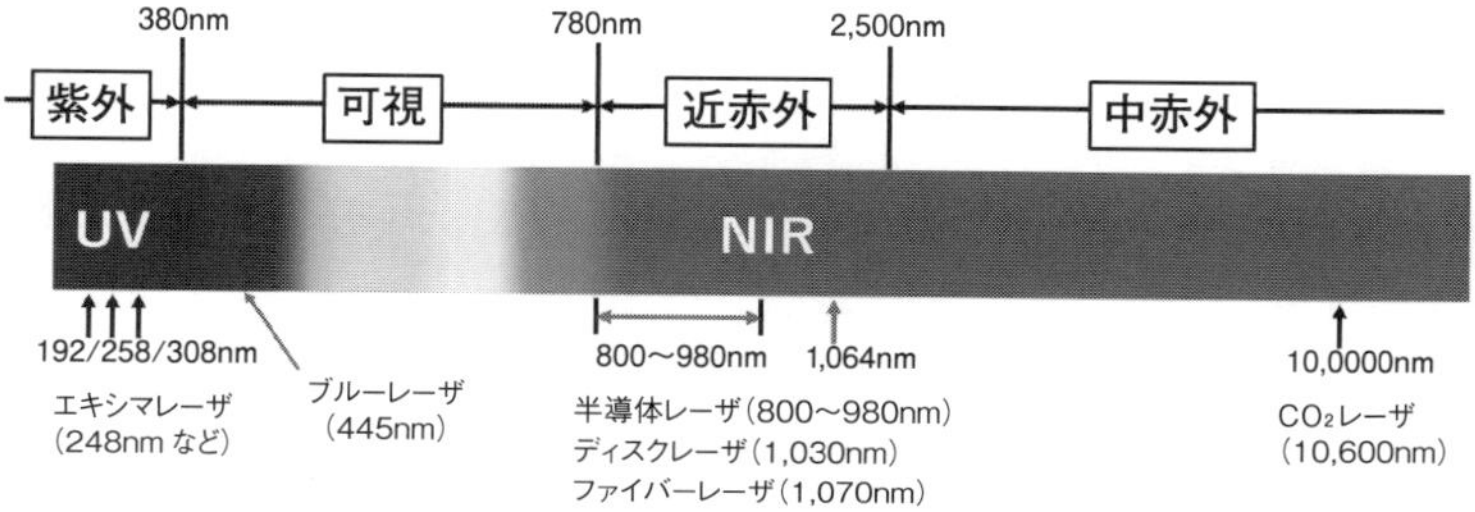


波長別レーザ

の回避だ。Fiber Laserの開発で、情報通信用のグラスファイバーの中でレーザを生成でき、かつ送信が可能となった。この結果、今まで必要だったレーザ光路用反射面付きフードが不要になったのである。

ファイバーレーザは通常、使用電力量が$CO_2$レーザの約３分の１であり、省エネ補助金対象となって一気に普及した。$CO_2$レーザの特徴が活かされた機種は残るが、概ねメンテナンス需要のみになっていくだろう。１８年間で１３０億円の売上を記録していた当社にとって、カメラ時代のデジタル化に次ぐ本業消失の危機となった。レーザ（LASER）は、「Light Amplification by Stimulated Emission of Radiation」の略だ。「誘導放出による光増幅」という意味があり、その原理から名づけられている。

このように当社は、２つの大きな市場の変化に遭遇した。第１回目のカメラの蛇腹にこだわり、新しい市場に歩みを進めていなかったら今はない。幸いカメラの蛇腹をなくしたデていたよりも変化の波は早く、デジタル化に加えてインターネットの普及による人々の生活形態の変化に対応できなかった。特にアップルに代表されるスマートフォンの爆発普及は、画質の素晴らしさに加え画像をすぐ送れる利便性が相まって、写真のあり様に大きな変化をもたらしてしまった。静止画像に加え動画も対応している手元の機器に、人々の関心が流れるのはむしろ自然であった。自社であるCamera World も「5年早く畳むべきだった」と私の質問に答えた。

富士写真フイルムが、化粧品や医薬品に進むことで新たな展開を示している。こうした機会はコダックになかったのか。FUJIFILM は、写真という文字を社名からはずした。コダックにも当然チャンスはあった。事務系コピー機は Xerox と勝負していたし、医薬品や化学物質などに強い事業力を持っていた。しかし、他社への売却や分社化などで本体から切り離した。それらは、今も高収益を確保している。

デジタル事業への参入が遅れたのは、フィルム事業が強固で安泰に思えたためだろう。当社も、3万台以上販売できた製版カメラ・マルチイメージングカメラ・引き伸ばし機・X線ブッキーテーブル・大判カメラなどの事業をデジタル化で失った。あのスティーブ・ジョブズが「革新的」と絶賛したポラロイドインスタントカメラも40年間で1億5,000万台を販売したが、企業自体がなくなってしまった。

①従来の存在する市場を他社から奪うこと、②新しい関連製品を手がけること、さらには③新しいビジネスモデルをつかむことが今後重要である。無理や無駄を省くことも、売上の増大とともに重要なのは言うまでもない。いかなる時代でも「商品や技術の使命は、人間社会に幸せをもたらすこと」にある。とすれば、幸せの障害になっている今は認識できない問題を発見するのではなく、発明する力が私たちに求められている。「問題の発明」という認識と意識づけが欠かせない。

デザインマニュアルの部門ごとの掘り下げは、顧客目線に立ちながら問題点の解決を提案するのみならず、新しい市場をつくる気概が求められる。今は何もないかもしれない。しかし、不断の勉強と観察眼の育成は、私たちを新しい方向に導いてくれる。(153ページに掲げた)会議室のライオンのように、リーダーとして先を見てつくっていこう。

# パラダイムシフト

## 問題の発明

継続企業のことを Going Concern という。法人である企業は、一定の目的範囲内で法人格を与えられている。たとえば、各種蛇腹の製造販売と関連する一切の業務に対して、私たちは権利能力を制限されてはいないが寿命がある。つまり、人は死ぬが経済活動の中で生き残れる限り、企業は人の人生を超えて継続していく。

世界最古の、すなわち継続している企業は大阪にあり、金剛組という宮大工の会社だ。1,400 年の企業である。一般的に企業の寿命は 30 年とも言われ、昨今の市場の変化や技術革新に基づくパラダイムシフトに曝されると、企業はひとたまりもなく消えていく。私たちの主力製品であるレーザ光路蛇腹は、他の追随を許さない技術力のある製品だ。しかも、進化し続けている。ところが、波長の小さなレーザビームを使用するファイバーレーザはこの光路蛇腹を必要とせず、予想よりも早く市場に浸透し、$CO_2$ レーザの守備範囲は限りなく小さくなってきている。

擦り合わせが求められる $CO_2$ レーザ加工機に対し、モジュール化ができるファイバーレーザは事業参入の障壁が低く、発振源の半導体やディスクの価格が下がればさらに普及し、苦手な厚板加工の技術が整えば $CO_2$ は市場からなくなるかもしれない。私たちの主力製品の代替を早く探さねばならない時期が来ている。

かつて、銀塩カメラが人々の記憶や記録をとどめる写真の手法であったとき、フィルム・印画紙・写真カメラ（ときには蛇腹つき）・化学薬品などが大量に必要になり、コダックは 60,400 人を擁する巨大企業であった。しかし、今では米国 Chapter11 の適用を受けて倒産し、6,000 人の規模に縮小して再生を図っている。デジタル化という時代のパラダイム転換に対応できなかったのが理由だ。

コダックの経営陣と関係の深い私たちの米国事業の父 Jack King 氏は、予想しジタル化が、新しい市場を生み出してくれた。ＣＴ／ＭＲＩの画像処理や画像診断装置が業界に広まっていった。この分野は、高齢化が進む世界で需要は確実に伸びるだろう。

カメラ用蛇腹で培った当社のシーズを活かせたのは、レーザ光が通るレーザ加工機光路用ジャバラの開発だ。同じ光の環境であり、密閉性・気密性などの要求機能が同じだった。難燃性や自己消火性、安全性の追加機能は求められたが、内面への反射板の貼付や焼損検知センサー機構の採用など、今のＩｏＴにつながる開発を継続的に行うことで進化した。

素材と製法の組み合わせでお客様のカバー要望を満たすというビジネスモデルに変化はなかった。当社のオリジナルの技能が発揮された。むしろ素晴らしいのは品質管理が徹底されて、夥しい需要に問題なく全員で対応できたことだろう。会社も強くなった。ナベルの製造は、素晴らしい。そしてそのレーザ加工機も、ファイバーレーザという世の中の技術革新で活躍の場が制限されていく。需要が変化することは、もはや避けられない。

市場の変化や需要の大きさなどに対応する過程で、さまざまな困難と闘いながら、企業は社長も社員も育っていくのだろう。しかし、供給側の整備や後継者も含めた会社の組織体制の強化があっても、需要がなくなれば経済は止まってしまうのだ。需要を見つけ、それに適応した製品を新たにつくり出していくことはできないのか。創造性の発揮こそが、目まぐるしく変わる市場への回答ではないのかと考える日々は続く。

# 第3章

# 中小企業の創造性のとらえ方

## 先人の積み重ねの上に新しい価値は生まれる

市場の変化への対応をいかに考え、どのように戦ってきたか。自分の考えと体験を述べてみたい。

創造性を照らすためには、やみくもに思いつきを待つのではなく、事業の戦略領域を定めていかねばならない。私はその重要性を感じ、経営理念に「ジャバラ」の定義を盛り込むことにした。これにより、先代社長が制定した社訓と相まって、変わる市場に対する新たな創造への挑戦が盛り込まれた気がする。

『社訓：温故知新』——。この言葉は当社だけでなく、多くの企業で社訓や社是として用いられている。創造性の観点からしても極めて重要である。

すなわち、温故はすでにある先人の努力の賜物である過去の資料を、可能な限り集めて確認する必要がある。こうした作業により、間違った方向や無駄な論理過程を経ることなく、新しい観点の検証に移ることができる。資料としては、特許や学術論文が具体的に挙げられる。

知新は、はやる気持ちを抑えて、資料を確認した上で新しい主張や活動を積極的に進めることを言う。先に紹介した両利きの経営も、今まで成熟させてきた事業と新たな挑戦である新規事業との関係は、まさに温故知新であろう。

先頃からお世話になっている人機一体の金岡博士社長は、フランスの哲学者であるベルナールの「巨人の肩の上に乗る」という言を借りて、この温故知新を違った形で表現している。「たとえば私たちが現在、開発している技術は１００年前と比較するとはるかに進歩していますが、それは私たちが先人よりも優秀だからではなく、１００年前から多くの人々が蓄積してきた技術が受け継がれてこそです。要は過去の巨人、つまり先人たちの知識の積み重ねがあり、その肩の上に乗っているからこそ、私たちは巨人ではないけれども遠くを見渡すことができるのです」（Startup Magazine by Amateras）。自らの立ち位置を明確に自覚する謙虚な姿勢に、さらなる活躍を予感しているところである。

『無から有を生み出せ』――。温故知新で過去の資料や学習を始めると、物事を否定する論理構成の思考で充たされる。「社長、○○という理由で本件はダメです！」と、幾度とな化が系統的な学問を生み出し、できるための理論よりもできないことの理論が氾濫し、その筋道に人は安住してしまうからである。

できない理由を声高らかに話す人の方が、新しい工夫に沈黙している人間より多いのはそのためだ。しかし、当初の目的である開発にははるか届かない。そこで、考えられるのが、「無から有を生み出す」気概だ。座標軸で言えば、中心の0からの発想ではなく、否定的見解のあふれるマイナスからの出発である。不屈の開発精神は、まるで無から有を生み出すようなものだからだ。つまり、開発には勇気と熱意が不可欠と言っていい。

開発は常に模倣される。人類は、特許制度と呼ぶ一定の独占猶予期間を、開発者に与える智恵を生み出した。公開の情報で模倣が促進され、産業は普及し、雇用が生まれる仕組みをつくり出した。特許制度は本来、自由競争の原理に成り立っているが、独占権を尊重するという社会的モラルを前提としている。モラルがない国際社会では、眼前の利益を獲得する意欲の方がモラルより勝る。模倣製品をつくり、オリジナルよりも安く市場に提案し、売り抜くことで利益を上げる。麻薬のように面白く儲かる。だから、模倣はなくならない。しかし、開発費用を掛けてじっくり考え抜いたオリジナルには及ばないから、次の製品は生まれない。不具合というチャンスからも、逃げることになる。

「無から有に」模倣からのブレイクスルーがあると考える。つまり、今ある解決策をなくしてみる発想だ。模倣者にはこの発想はない。儲けの対象をなくすことは自己矛盾だからである。アップルのスティーブ・ジョブズは、利便性の追求を果たすことで時代をつくり上げた。iTVが生まれる日も近いだろう。携帯電話を生活の中に活かすことを徹底することで、人生の利便性が高まったと思う。

しかし、深まっただろうか。だからこそ、携帯電話をなくす開発を考えてみよう。開発の循環は、有の分析・なくす発想、そして新たな有への挑戦なのかもしれない。

# 模倣から創造へのヒント

## 有・無・有のスパイラル発想

人間にとって、健康な歯を保つことは、寿命を全うする上で極めて重要なことである。私の叔父も酒好きであったが、歯を悪くして一気に死期を早めたのを記憶している。

初めての歯が生えたり親知らずが生えたりしたとき、人生の始まりや成長を感じ、大きな奥歯が虫歯でなくなるとき、人は自分の死を感じる。この歯を大切にするために、夥しい数の歯磨き粉や歯ブラシが世の中にあふれている。糸楊子や空気での洗浄装置まで開発されてきた。当たり前のように、私たちの家庭にそれらの製品があり、その生産体制は世界中に充実している。

しかし、200 年前に歯ブラシや歯磨き粉はなかった。これは 200 年後にもあるのだろうか。需要の本質はあっても、今の解決策が最善か。これらをなくせないか考えてみた。そこで、私は次世代を担うはずの子供たちに、歯ブラシをなくせないか考えようと持ちかけた。びっくりした顔を私に向けた息子は、しばし考えて、健康ガムの開発を提唱した。しかし、ガムが噛める年齢や健康状態は限られる。まだ検討は続く。

新しい開発を考える際の流れを考えてみよう。私たち製造業の開発の契機は、クレームや不便などの問題点が先にある場合が多い。トラブルが先にある。そして、なぜ不便なのか、なぜ問題が発生するのかの現状分析から解析を始める。必要が発明の母である所以だ。ここで、重要な理念が「温故知新」である。

現状を分析するには過去の成果を勉強し、未来に備える謙虚さが欠かせない。浅薄な思いつきではない分析が可能になる。しかし、専門家に相談したり勉強を重ねたりしていく過程で、開発への到達に障害となる壁が立ちはだかる。さまざまな文

く誠実な社員から進言を受けてきた。しかし、それでは物事は動かない。新しいものは決して生まれない。そこで、先代は物理の原則に反するこの言葉を用い、創造性に挑戦する者の背中を押してきた。創造には、勇気と覚悟が必要なのだ。

## 経営理念で創造性を強化する

ナベルの経営理念は、以下の5か条と決めている。

①私たちは、機能的カバーを蛇腹と考えます
②私たちは、ジャバラを通じて時代のニーズに合った社会的貢献に努めます
③私たちは、常にエンドユーザーの立場でモノづくりを考えます
④私たちは、あらゆる課題に対して、いつも陽転思考にあふれた明るい集団を目指します
⑤私たちは、日々自分の発見と自己実現に努め、会社の発展と生活の向上を図ります

私たち中小企業の創造性を照らすためには、自分たちの守備範囲、つまり戦略領域を明確

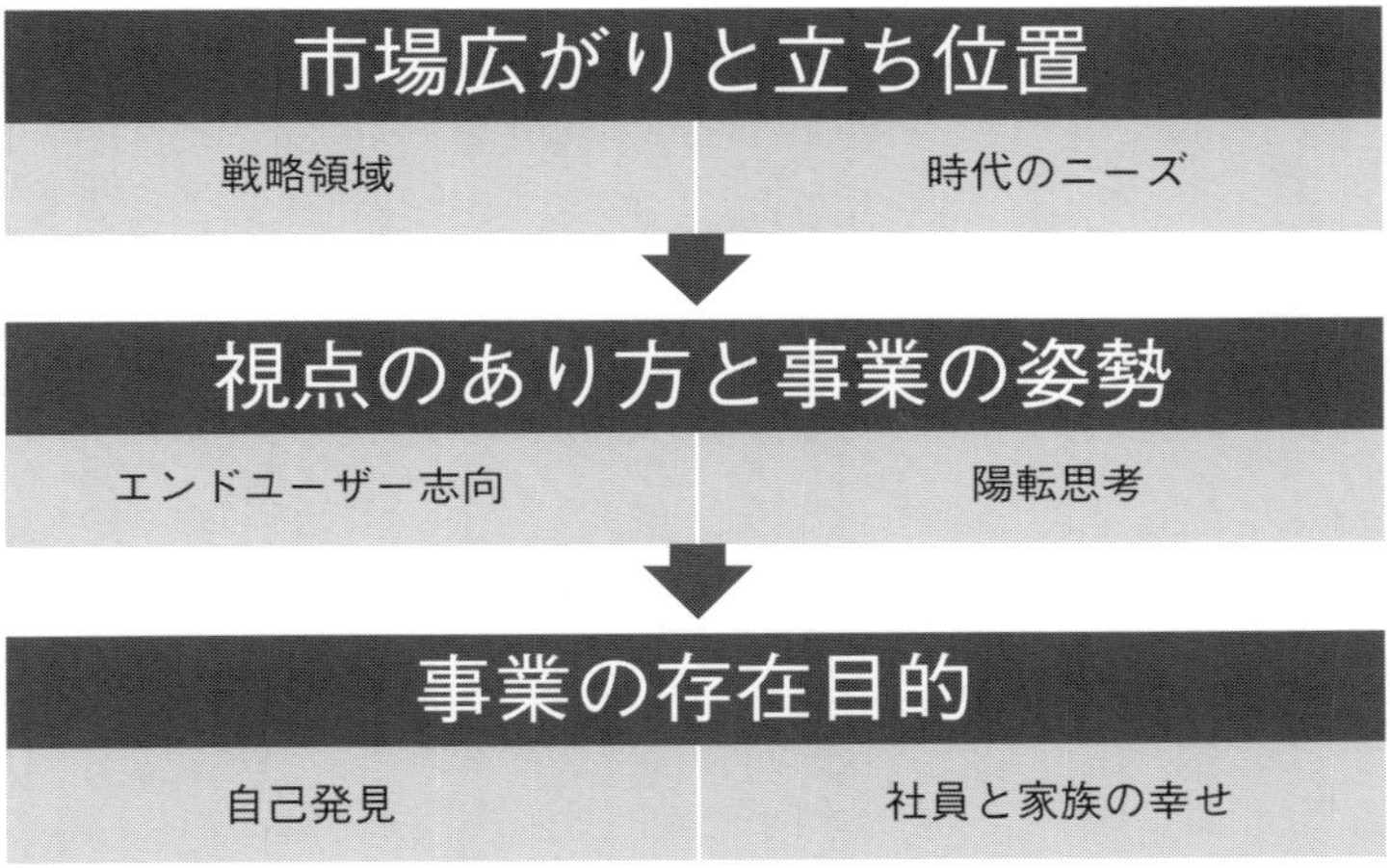


経営理念を実践するアプローチ

にすることが一丁目一番地だと考えている。この戦略領域の設定は、情報の取り扱いの上で極めて重要である。私たちは日々夥しい情報の中で過ごしているが、自分に関心のない情報は容赦なくすさまじい速度で目の前を通り過ぎていく。ビジネスは、情報をいかに有益にとらえていくかだが、この自らのビジネスの関わりを明確にしなければならない。

カメラの蛇腹を戦略領域と考えていた時代には、今のロボットや放電加工機などの情報はまったく入ってこなかった。求めもしなかった。思えば、戦略領域の重要性を感じたのには、過去に2つのエピソードがあった。

(1)伝書鳩の飼育

私が10歳の頃、伝書鳩の飼育が流行った。私も母にねだり、雄雌の一番を購入した。このことで、今まで俯いて通学していた自分が空を見上げるようになったのである。

理由は夕方、鳩を運動させるため空に放つが、鳩たちが空を旋回する美しさを知ったことと、たまに家の鳩が〝離れ鳩〟を連れ帰ってくるからだった。一つのアクションで情報領域が拡大されることを体験して以降、私の貴重な感覚となった。

### (2)父の虚血性発作入院

私は、司法試験の勉強をしながら家業を手伝っていた。しかし、二足の草鞋で合格できるような試験ではなかった。昼間は勉強をして、夕方から翌日の仕込みを担当していた。

そんなある日、父が倒れた。虚血性の一時的な発作で事なきを得たが、そのときの恐怖心にも似た感覚は忘れられない。この先、カメラの蛇腹だけで全員を守れるのか。自分の人生が成り立つのか。三重県に光学用ジャバラを継続的に購入してくれる顧客は一軒もない。このとき戦略領域について、掘り下げて考えることが身についたのかもしれない。

すでにお話ししたように、戦略領域に関して私はジャバラの定義を変えることで、同心円的に拡張した。戦略領域の変化拡張は、守備範囲を広げるとともに、入信する情報を増やすことになっていった。

同心円の意味は、資金も人材も乏しい中小企業にとっては非常に重要で、今まで積み重ねてきた製造技術や素材の技術に関連したコア技術の応用が欠かせなかったからだ。これにより、思わぬ失敗を未然に防げ、自らのコア技術がより進化していくことになる。

既存事業がうまく運ばず、その結果売りに出されたにせよ、その企業を購入するM&Aの誘いはある。まず、シナジー効果は幻想だ。なぜなら、本業を分析していない。長年の本業が上手くいっていないのに、他の企業を成功させることなどできない。そして、M&Aを行う企業は巧みにシナジー効果などを訴えるが、事業の成功責任は取らない。つまり、関連性の定義が甘くなる。組織は人の思いで成り立っているという、組織力の管理の問題はたやすくはない。

戦略領域の設定と深掘りは、企業の継続的発展に不可欠と考えるが、実はそれ以外に創造性にとっても極めて重要であることがわかった。創造性と言っても、私たちの事業に関係するものでなければならない。つまり、どの分野での創造性なのかを決める必要がある。

創業時は、カメラの蛇腹を私たちの事業範囲と決めていた。

しかし、医療機器の分野への進出を機に、そのドメインを拡張して「必要なときに伸び、不要なときに縮むもの」に変更した。さらに２００５年、私が二代目の社長に就任した際は、伸びる・縮むという定義を外し、機能的なカバーとさらに拡張した。時代は、バイオテクノロジーやナノテクノロジーと称されるように、目に見えない世界に広がって研究が進んでいたからだ。自社のコア技術の維持は、この拡張変更にとって重要なファクターで、私たちは同心円状に自らのジャバラのドメインを広げていった。創造の光が当たる範囲は、絶対に重要だと考えている。

2019年、三菱航空機元社長の川井氏のご指摘で、ジャバラをモノだけではなくコトとしてとらえ、顧客が望む環境の形成とその向上が私たちの機能的カバーの中身であると理解し、深掘りを進めることができた。創造性を照らす範囲に加え、奥行きも視野に入れることを可能にした。この戦略領域は、「ジャバラとは何なのか?」という本質的な自身への問いかけとなり、照らす創造性に命を吹き込むことになる。

## ジャバラとは何だろう

カメラの蛇腹の限界を知るにつけ、また二代目としての使命感から真剣に悩んだ。カメラの蛇腹では、素材と製法の開発でスウェーデンのハッセルブラッドにも採用され、創業者の目標だった品質において世界一になる立場は実現できた。しかし、デジタル化は光学ジャバラの必要性を激減させ、他の分野に進出することを余儀なくされる。

幸運なことに、画像診断装置（ＣＴ／ＭＲＩ）など新しくジャバラを求める市場に出会えることができたが、製法と素材の変更だけでよいのだろうか。

## ▼戦略領域の特定

そもそもジャバラに顧客は何を求め、私たちは何を提供できるのだろうか。

顧客は、何らかの事情で特定のものをカバーしたい。カバーの目的もそれぞれで、求める機能によって異なる。カメラでは遮光性が求められ、医療機器では美観や安全性が求められる。この機能は、素材の選択と適切な製法の組み合わせで実現できる。これは、私たちが貢献できる分野だ。ジャバラの付加的性格だ。

１００年前から宇宙で凧を上げることは考えられてきた。しかし、宇宙線や紫外線、真空で使用に耐える素材はなかった。ＪＡＸＡのイカロス計画は実現できなかった。ポリイミドの開発があって実現することになる。素材の開発は、さまざまな社会のチャンスを後押しする。注：ソーラーセイルの名前はＩＫＡＲＯＳ (Interplanetary Kite-craft Accelerated by

Radiation Of the Sun：イカロス)。失敗した神話の人物名を使うなんて…とよく言われるのだが、そうではない。イカロスの父、ダイダロスは発明家だった。「創意工夫で挑戦を」という思いを込めたかった。

これに対して、本質的にジャバラの特性はないのか。共通の性格とでも言おうか。これは、ジャバラの内在的性格だ。よく考えれば伸縮する、携帯性がある、表面積が広がる、畳める、面積を小さくできるなどが挙げられる。

私は、この戦略領域との関連で、ジャバラとは何かを常に考えてきた。創造性やモノをつくり直す力は、ドラえもんの魔法のポケットのように、何でも叶うものではない。何かをつくりたい、つくり直したいと思って手にできるものではない。私は、事業領域を突き詰めて考え抜くことで、そのギリギリのところに創造性を発揮するヒントがあることを体験してきた。

たとえば、東日本大震災および福島原発事故の際、初めて折り畳み式ソーラーパネルを発案した。被災者であった友人の白石市教育長と連絡を取った際、乾電池の要求が引き金になった。つまり、停電対策が不十分でラジオも聴けず、また家族の安否確認の道具としての携帯電話も使えない。デジタル化している社会の盲点として、電力の確保が大事だと知ったのである。

リーマンショックの際、半分近くの売上に激減したとき、何をしてよいか途方に暮れた経験がある。ナベルを誰も知らない米国市場への挑戦は、頑張れば少しでも結果を出せる何もない状態だった。座標軸は0ポイントで、頑張ればプラスに働いた。しかし、リーマンショック時はマイナスからの出発だった。その3年前は、私が本体の社長に就任して、幸運にも15億円から25億円の大台に乗せて好調だったのに。

社員２７５人（派遣社員60人含む）の生活を守れない。どうしよう。

週に2回ほどの出勤では、製造業は成り立たない。政府の雇用調整助成金に助けられながらも、何らかの手を打たなければならない。そうした中、残念ながら派遣社員の雇用継続を断念しなければならなくなった。60人の中には、夫婦で頑張ってくれていた人もいた。そこで、一気に継続を断つのではなく、３か月をかけて徐々に対応するよう命じた。いわゆるこのリストラは、あるべき姿ではないと感じながら。

そこで、私がこのとき取り組んだのは、今まで携わっていない分野の開拓だった。事業のポートフォリオを書き換えることから、分野を変えて創造性を発揮する新しい場を設定することにした。

と展張をサポートしている。展開は2段階で行われる。本体側面に搭載された展開機構によってまず手裏剣のような形状に、錘の遠心力で本体に巻きつき畳まれることにより、帯状になった各四辺が展開される。次にやや動的に折り畳まれていた山谷がフラット状になりやがて展開が終了し、安定的な帆が完成する。

イカロスの成功を受け、次のソーラー電力セイル計画が進められている。木星に近いトロヤ小惑星の探査計画である。水・金・地・火・木・土・天・海が太陽の惑星の位置関係だが、太陽と地球の距離を1AUとすると木星までは5.2AUある。2023年の打ち上げ後、2025年には地球の引力を利用したスイングバイを使い、2029年には木星を通過する予定だ。そして2037年にトロヤ群小惑星に到着してサンプルの採取、小惑星帯以遠のダスト採取などを実施し、2049年に地球に帰還する。

地球から遠く離れた星を探査するには、燃料の節約と電力の確保は必須だ。通常、宇宙機はガスジェット（ロケット）で燃料を放出し、その反動で加速する。今回の計画では、イオンエンジンという燃料を10倍速く放出し、燃料を1/10に節約する最新式エンジンを利用する。さらに、電力はイカロスに使われた米Powerfilm社のアモルファスモジュールに替え、発電効率がほぼ10%と倍のCIGSを利用。太陽から大きく離れる木星地点では、太陽光は弱くなり地球の1/25まで弱まる。そこで、イカロスの大きさをはるかに超えて、50$m^2$の大きな帆を上げる計画である。

ソーラー電力とイオンエンジンのハイブリッド推進を実施するのが、今回の大型帆作成に当たっての協力依頼だった。1辺14mのイカロスでも、7人がかりでようやく完成に漕ぎ着けた。今回はサイズが大きくなった関係で、折り幅が300mmから450mmに変更されることと、厚みも10$\mu$mに増える。何度も繰り返す折りと展開を相談された。検討を始めるが、あまりにも薄い大きな膜であるため、折り加工をするためのダミージャバラを考えている。Fwaveではない Powerfilm が選ばれた理由は、効率よりも重量を重視した点にある。今回のCIGS（Copper Indium Gallium DiSelenide）は、世界で3社メーカーがある。米Ascentsolar社、独Solarion社、スイスEmpa社である。今回の出会いは商業的にはどうかわからないが、社会貢献は確実だ。中小企業の営業には、フットワークとネットワークが極めて重要である。

# トロヤ群小惑星探査計画

## イカロスの成功

国立研究開発法人宇宙航空研究開発機構（JAXA）の相模原キャンパスにお邪魔してきた。東京営業を担当している若松さんが、朝の BS の科学番組を見ていたのがきっかけだった。小型ソーラー電力セイル実証機「イカロス計画」を成功させた、宇宙科学研究所宇宙飛翔工学研究系の森治助教のお話に感動して、コンタクトを取ったことから始まる。イカロス（IKAROS = Interplanetary Kite-craft Accelerated by Radiation of the Sun) とは、太陽の力で推進する宇宙ヨットのことだ。超薄膜の帆を広げ太陽光圧を受けて進む宇宙船である。このソーラーセイルは太陽光を十分に受けることで、燃料を消費することなく宇宙空間の移動が可能になる。

100 年ほど前からアイデアはあったらしいが、帆の素材や展開方式などが非常に難しく、近年ようやく実現できるようになった技術だ。IKAROS の帆は 14㎡で対角線が 20m、厚さは、0.0075mm（7.5μm）のポリイミド樹脂。本体形状は、直径 1.6m ×高さ 0.8m の円筒形で、打ち上げ時の質量は約 310kg だ。2010 年 5 月 21 日の午前 6 時 58 分に、種子島宇宙センターから H-IIA ロケット 17 号機で打ち上げられた。

時代が進めば何が変わるか——。一番変わるのが素材産業だ。ポリイミド樹脂を生産できるのは東レ・デュポン、宇部興産、カネカで、JAXA はカネカ製を使用している。太陽光を反射し、静電気を防止する目的で片側にアルミ蒸着を施し、全体的に金色に見える。耐熱性や耐放射能性、耐紫外線などの宇宙では欠かせない性能を初めて手にすることができた。科学技術の進歩だ。

このポリイミドの膜面はイカロスの機体をスピンさせ、その遠心力で膜面が展開され、展張状態が維持される。膜面先端には錘が取り付けられていて、膜面の展開それは、以下のものである。

①インフラ関連事業
②再生可能エネルギー事業
③メンテナンス事業
④ネイチャーテクノロジー事業
⑤農林水産業

ネイチャーテクノロジーに学び、アブラムシやカタツムリが汚れていないのはなぜかとの問いを立てた。アブラムシは内分泌液で表面が洗われ、カタツムリはナノレベルでの突起が表面張力を生み出し、汚れを落としていた。ハスの葉っぱに、水滴が転がるのを見た体験は誰しもあるだろう。これも、ナノレベルの突起と表面張力のなせる業だ。

ジャバラとの関連は、防汚技術に使えそうだとアイデアが膨らんだ。その他の分野も、メンテナンス分野など今までも商社を通じて対応できていたものや、農林水産業のような情報が乏しい分野もあった。これらのうち、再生可能エネルギーとジャバラの関連性がどうしてもつかむことができなかった。

そこに、東日本大震災が発災して停電対策の不備に気づき、発災翌日も太陽はまさしく私たちを照らし、そのエネルギーを活用できないか、ジャバラとの関係を結びつけて考えたのである。ジャバラの内在的性質は、表面積を広げ、折り畳めば運べる。このアイデアを形にしたのが、折り畳み式ソーラーパネルだった。

一部が日陰になっても、残りの部位で発電が継続できる並列仕様や配線への負荷を最小限にする仕様などで、中国、日本、台湾で特許になり、ふるさと納税の返礼品に採用されるなど社会に役立ってきた。２０２３年5月、みなさんの協力を得て防衛省の採用品の一つに選んでいただいた。

必要性の認知とアイデアの構築から、実に10年の月日が流れていた。

## ▼時代のニーズに合った社会的貢献

世の中や時代のニーズをつかむことも、創造的活動には外せない。どのように目に見えないニーズをつかんでいくかは、じっくり考えてみたい。後述する「ニーズの発見」の一節で論じたい。

## ▼三現主義もエンドユーザー志向から

私たちのような製品をつくるメーカーとして、決して忘れてはならないものがある。それは、誰が幸せになるかだ。本当のニーズは、エンドユーザーの使いやすさや喜びの中に見出せる。私たちが疎かにしてはいけない視点へとつながっていく。現場・現物・現実を大切にする三現主義も、この文脈でとらえるべきだ。

インターネットを通じた引き合いが増えている。ジャバラを設計するためには、さまざまな事柄を確認しなければならない。使用目的や環境など、お客様にしかない情報をできるだけ早く聞き出し、仕様を合理的に決めなければならない。私たちが日頃使っている引合仕様書では、かなり細かな情報を求めている。

しかし、エンドユーザーはジャバラのプロではない。つまり、細かな仕様に関する質問は、私たちの質問意図を説明しながら、エンドユーザーと協力して完成させていく姿勢が欠かせない。なぜなら、すべての顧客が把握している内容はどんな対象物をなぜカバーしたいか、だけだからである。このように、ジャバラの設計段階からエンドユーザーの立場でビジネスを考え、実行していく姿勢が重要である。

## ▼完璧ではないからこその陽転思考

私たち人間は、残念ながら完璧ではない。ミスも意図的ではなく起こしてしまうこともある。中小企業は毎日がミスの連続だ。組織も人も育っていないから、これは当然のことかもしれない。

しかし、そのミスに立ち向かい、あるべき姿を実現していく過程で組織も人も育っていく。できていることと、できていなかったことを逃げずに分析し、一歩踏み出すことができれば、創造性に光を当てることが始まる。

## ▼無限の可能性に気づく自己発見

創造性は新しい光だ。つまり、発見であり発明である。できない自分やできている自分を見つめても、創造性に結びつかない。一回しかない人生で生まれてきてよかったと思えるのは、今までに誰も考えつかなかった、または自分にこんなことが考えられると思っていなかった新しい可能性を発見することだ。

今までにない視点、モノ、サービスが生まれてもいいじゃないか。そういう提案を思いつき、実行することは清々しいじゃないか、といつも思っている。

社員と家族の幸せ＝会社は何のためにあるのか。顧客のためか、株主のためか、自分のためか？

企業にとって、顧客の創造がその存在目的だとドラッガー教授は言う。確かに、お客様が担を軽減している。1995年に電子航空券を採用してチケットレスを実施し、機内に指定座席はない。チェックインでは、AからCの1番から60番までの数字を買い、搭乗前には整然と並ぶ。エコノミークラスのみを設け、機内サービスには食事がない。注文伺い方式で機内販売のカートはない。しかし、必ずお代りの注文は丁寧にとる。

機材もボーイング737に標準化され、機体設計を熟知して整備経費を節減している。設立当初は、資金難から1機売却することになり、運行計画が不可能になった。その際に取られた工夫らしいが、ピストン運動の折り返し時間は当時10分まで短くしている。航空機は、地上にいるときは経費を生み、空では利益を生むという発想らしい。顧客満足の観点では、定刻運航率や手荷物紛失率の低さ、さらに苦情件数が挙げられるが、このトリプルクラウンを5年連続受賞している。格安運賃の先駆けになっているが、平均20$だった運賃区間を平日の繁忙時には26$に設定し、その代わり夜と週末は13$に抑えるほか、他社との競争ではウィスキーなどのお土産サービスを実施する奇抜なアイデアで顧客の気持ちをつかんだ。

作業の平準化という点でも進んでおり、定刻運航率を維持している。すなわち、操縦士も陸上係員も荷物運搬などの業務に進んで携わる。従業員には上場会社で10%の持ち株を持たせ、税引前利益の15%を還元し、そのうち25%を再投資に向けさせている。従業員のみならず家族も大事にし、離職率も極めて低い。会社を自分の会社と考え、ユーモアと笑顔があふれる雰囲気が醸成されている。

当社は非上場で業界も違うが、世間の常識に挑戦して事業の本質を突いていく姿勢は、目標になると思う。清々しい気分で、改めて乗ってみたいと率直に感じた。

シャーロットへの就航も待たれる。従業員がそれぞれの役割を理解し、それぞれの経費節減を徹底させれば、突き抜ける企業になれるだろう。プロになること、当たり前と思っている今の作業や歩き方、歩く道筋なども考え直す機会になればよい。営業の部門別情報の整理・整頓をしているが、究極の営業マンは顧客の話を顧客の立場でよく聞き、当社の製品をなくす提案をともにできる関係を構築するところまで行くべきだろう。そうすれば、本当の顧客がつかめるはずだ。

# Southwest 航空

## 社員第一・顧客は二番

シカゴ出張で、顧客との調整で中日が一日空いてしまった。NUSA のダン社長の提案で、ナッシュビルにある航空機産業、TRIUMPH 社を訪問することになった。シカゴには、O'hare 空港のほかに Midway 空港があり、テネシー州ナッシュビルまでそこからの往復になった。そこで、利用したのが Southwest 航空だった。

出張内容も顧客満足を確認できて素晴らしく、頑張った NUSA のメンバーに頭が下がり、感謝の気持ちで一杯だった。そして、さらにこの航空会社に惹きつけられた。興味が湧いて調べてみると、すごい目標となる会社であることがわかった。

同社はテキサス州ダラスに 1967 年に生まれた。私が 10 歳のときだ。当初の 5 年間こそ事業開始も含め大変苦労したが、1973 年以降は赤字を出していないし、レイオフ（1972 年には 3 人）もしていない。スイスの格付け機関からは、世界で一番安全な航空会社の 10 社に評価されている。素晴らしいのは後発ゆえに、「へそ曲がり的経営」を貫いていることだ。私にはとても興味が湧く。

経営理念は、社員第一で顧客は二番目だ。当てにならない顧客を第一に思うよりも、会社の発展や困難時を支える従業員を第一に据えることで、逆に顧客満足が図られるという理屈である。従業員にはユーモアを求め、機内放送や機内のもてなしは、従業員に大幅な裁量を認めている。私が乗った機内でも、アナウンスのジョークに顧客の笑い声が絶えなかった。人件費は経費節減の対象にならず、それ以外では従業員も主体的協力し、さまざまな経費節減を工夫し実行していく。

一般的な航空会社はハブ & スポーク体制をとり、航空路線内に基点となるハブ空港をいくつか置いて、顧客へは目的地への乗継便を強いる。これに対して同社はポイント to ポイント方式を取り、空港間のピストン運行をすることで顧客への負な耳をされていた。外国語も聞き取れて初めて話せるのに、どうも忘れがちな大切なことだ。

当社の経営理念の中に、「あらゆる課題に対し、いつも陽転思考にあふれた明るい集団を目指します」という一文がある。毎日、クレームや顧客からの難題と課題は後を絶たない。困ったことだと思うのは誰しもだが、その課題を正面から受け止めず、先送りして行くとさらに大きな問題になり、抜き差しならぬことになる。

クレームの際などは、普段ナベルのサービスを当たり前だとナベルの存在すら忘れてくださっている顧客や関係者が、一斉に注目してくれる場面だ。そのときの対応力を顧客は注視し、信頼を深めてくれる。そして、信用は顧客が味方になってくれる喜びに変わる。これが、陽転思考を大事にした当社創業者の思いである。

望んではいないが、人はミスをする。情報の連鎖の中で仕事をしているうちに、報告・連絡・相談にどれかが十分でなかったり、伝わっていなかったり、落とし穴はそこら中にあると言っていい。 上甲氏は、このことを「難有」という言葉で表現した。難を逃れようとすると深みにはまり抜けられなくなるが、「はい、喜んで！」と素直に立ち向かえば、この二文字は逆転し、ありがたい（有難い）となる。なかなか言い得て妙である。

松下幸之助氏は、私が最初に経営者の書物を学んだ人物であるが、経営の神様と呼ばれている。経営とは、以下の3つが重要である。①将来のあるべき姿を指し示すこと、②その実現の段取りを示すこと、そして③実行していくことである。

1975年の著書の中で、「わが国の政治に国家経営がない！」と憂い、その後、新しい政治家を育てるために政経塾をつくられた。95歳（1989年）で亡くなったときは、まだ20世紀。21世紀の今の日本を憂いながら、救国の手立てを打つ。自分の努力の成果を見届けられないことに、真剣に取り組む姿勢。これこそ今の日本人に欠けている「志」ではないか。それぞれ自分の人生の経営者として、氏の教えと思いをじっくり考え、新しい年を迎えよう。自信を取り戻すこと、自立することから始めよう。

# 陽転思考の意味

## 難有＝ありがたい？

初代松下政経塾の塾長、上甲晃氏の講演を聴いた。松下幸之助氏は私財 70 億円を投じ、1975 年の著書「崩れ行く日本をどう救うか」を著して以来、国家に経営のないことを憂い、85 歳にして松下政経塾を興すことになった。第一期生が野田元総理である。第八期生には前原元国土交通大臣、玄葉元外務大臣がいる。

上甲氏曰く、松下幸之助という人物は、人生においてすべてを活かすことのできる名人であった。この世に無駄な人物も、無駄な経験もない。すべてが活きる。私も松下翁の書物から従業員の長所を見出し活用する術を、美点凝視という観点から学んだことがある。

松下翁曰く、自分が今あるのは、①学歴がなかったこと、②身体が弱かったこと、そして③家がとても貧しかったことが幸いしたと振り返る。まず、学歴がないことは、他人や専門家の話をじっくり聞き、素直に感動することにつながった。身体が弱かったことは、創業時期に一週間の半分しか働けず、残りは部下に仕事や権限を委譲せざるを得なかった。このことは、組織全体の働きを考える基礎になった。

9 歳時に丁稚奉公先で働いたお駄賃として、5 銭玉を雇い主からもらった。そのときの感覚は、あの働きで、こんなにもたくさんの報酬がいただけるのかというものだった。もし家が裕福だったら、この程度しかもらえないと不満を持ったに違いない。貧しいからこそ素直に喜べ、感謝できたのだそうだ。

世の中に話し方教室なるものは多数あるが、聞き方教室は聞いたことがない。人の話を生半可に聞くことを上の空と呼び、その場合、人は態度が横柄になる。心が人の話を聞いていないからだ。聞くことは、素直な心が宿っていなければならず、このことはテクニックではない。だから、教えられないのである。松下翁は、大きいなければ企業は成り立たない。しかし、その顧客に満足を提供するのには、自分だけではできないし、社員の努力が不可欠である。そして、その社員は家族に支えられている。

人を大切にする経営学会の坂本光司代表（元法政大学教授）は、企業は次の順番で人を幸せにする存在だと、五方良し経営を提唱されている。

①社員とその家族
②仕入れ先など社外社員とその家族
③顧客（現在そして未来の）
④地域住民、とりわけ障がい者や高齢者
⑤出資者や支援機関

素晴らしい考え方だし、真理だと思う。本当に、社員やその家族が幸せを感じてくれるように、さまざまな仕組みが必要と考えている。まだまだ、いろいろな工夫を生み出すことになるだろう。これも、創造性・アイデアの一つかもしれない。

30年以上前に、当社の経営理念を中小企業家同友会の合宿でつくり出した。自分が社長になるとして、どのような会社にしたいか。今もあの体験は生々しく覚えている。それ以来、戦略領域の変遷以外は変更していない。ただ、今回は創造性という観点から分析を試みた。

## 創造性とイノベーションの違い

創造性を発揮して新しいものを生み出しても、儲けられなかったらイノベーションにはならない。イノベーションとは、経済的価値を生み出す新結合であると考えている。

自社にとっても日本の社会再生にとっても、創造性はイノベーションのための第一歩である。そして、イノベーションこそが今求められている。ＯＥＣＤでは、国際標準（オスロ・マニュアル）にてイノベーションを以下のように定義している。

一般的には、創造性とイノベーションは区別されなければならず、社会が求め会社が求めるのは、実行責任を伴うイノベーションでなければならないと言われる（セオドア・レビット）。確かに、思いつきが実行され、儲けという経済的結果を得るためには、創造性を励起する努力とはまったく違う市場開拓の努力が必要になる。市場に受け入れられ収益化を実現するためには、顧客のニーズに基づいて開発された製品やサービスの説明だけではなく、その顧客の支払い意思額に基き、顧客基盤をセグメントしていく作業などが求められる。

しかし、上記した技術的イノベーションも非技術的イノベーションも、新しい創造性が不

は２つある。一つは、不具合の発生に伴う改善的な開発だ。Fault Tree Analysisなどを通じて不具合要因の特定ができれば、その不具合の改善につながる新しい発想での考案が必要になる。この場合は、すでに顧客がその対策を強く求めているため、実効性を伴うイノベーションにつながりやすい。

これに対して、新規の開発はなかなかイノベーションにまで行かないものが多い。良いものを考えたが実践できない、製品にならない、売上が立たず回収に結びつかない。大手企業でも、お蔵入りの特許が多いのも現実だ。営業が掲げる新規開拓ａ・ｂはまさにその危険性がある。現実に、電磁波シールド蛇腹は特許になっている。しかし、一切売れていない。また、ソーラーパネルは素晴らしい新しい考えだとの前評判に対して、製品化はこれからだ。

レビットは、創造性とイノベーションの結びつきには、責任感が必要と言う。責任感のない思いつきでは、事は進まない。この点、安易なブレインストーミング会議は期待できない、と彼は指摘する。確かにそうだ。会議などもイノベーションを意識すれば、時間や内容はともに変わってくる。会議自体そのものが仕事ではないからだ。

新しい発案も重要だが、それを顧客やエンドユーザーに喜んでいただける形で提供し、継続的な信頼を勝ち取ることの方がどれだけ難しいことか。市場の占有率を90％以上確保する当社のレーザ光路蛇腹のように、市場調査と革新への不断の努力が欠かせない。

責任感がキーワードとすると、特許出願案件をイノベーションに高めない限り、責任を果たしたことにはならない。中国などの模倣活動に対する知財管理・防衛もこの継続的なイノベーションまで考えた顧客への責任ととらえ、さらなる創造につなげる覚悟が必要だろう。新規開拓をどこまでできるか。勝負の年が幕明けた。

# 創造性とイノベーション

## 巳年の方針

企業は、もっと創造的であるべきだとよく言われるが、そう言っている人たちは「創造」と「イノベーション」(革新)の違いがわかっていない。創造とは「新しいことを考え出すこと」であり、イノベーションとは「新しいことを行う」ことである。セオドア・レビットの言だ。

巳年の年頭に当たり、営業部門責任者からは、①従来顧客の深掘り営業の実施、②アジア市場の開拓、③新規顧客の開拓(a ソーラーパネル、b 電磁波シールド蛇腹、c 車両関連、そしてd ミヤモリ・ロボットスーツなどメンテナンス事業)が掲げられた。また、技術部門責任者からは設計の標準化・平準化・国際化が挙げられている。これらは、経営計画サード 21 に掲げた「国際競争力の強化」=各自の仕事のリードタイムの短縮に沿ったものであり、時代の転換期を見据えた有意義な内容である。

営業部門は売上の最大化を実現させ、技術部門は製造業として経費の最小化を目標とすべきだからである。しかも、2つの部門の方向性(ベクトル)は、同じ方向でなければならない。

標準化とは自由裁量を排除することであり、管理不足の裏返しである自由放任とは対極にある考えである。資材の在庫・購買のリードタイム・価格・ロット、製造のしやすさ、仕掛品の流用可能性、品質管理項目の集約など後工程への影響は計り知れない。平準化は、無理の排除になるし、時間の有効なワークシェアが可能となる。CAD レイヤーの統一も平成 24 年暮れに取り組んだが、まだ宝の山が目前にある。流れは変わってきた。

新しいことに踏み出す方向性は、2つあると考えている。すなわち、開発の契機可欠であり、まず創造性を発揮させなければイノベーションの段階に進めない。つまり、創造性だけではダメだという論調に、私はくみしない。

いきなりイノベーションが大事だという論調は結果重視の論調で、現状のわが国の右肩下がりの社会、すなわち失われた30年の経済的停滞には馴染まない。創造性も忘れた段階で、それを前提としたイノベーションなどあり得ないからだ。新しいアイデアすらも生まれないだろう。

私が言いたいのは、創造することを忘れた私たちに、自信を取り戻す契機を与えたい。芥川龍之介は、日本人の特徴として大正13年に「神々の微笑」という小説で、日本人にはモノをつくり直す力があると論じている。すなわち、中国から韓国、ベトナム、そしてわが国にもたらされた漢字文化を、韓国やベトナムはそのまま受け入れたが、日本では柿本人麻呂が和歌として詠んだ。つまり、ひらがなとカタカナをつくり、漢字文化をそのまま丸呑みせずつくり直している。

新しくモノをつくり直すことも、創造性の賜物だと言えよう。社会に受け入れられた創造力が歴史に残るが、つまり経済的利益を生み出し、社会を変える活動（イノベーション）が創造性の発露として認められる。わが国がもたらした発明を中心に、83ページ以降は具体例

### 国際的なイノベーションの定義

<table>
<tr><th></th><th></th><th>定　義</th><th>具体例</th></tr>
<tr><td rowspan="2">技術的<br>イノベーション</td><td>プロダクト・<br>イノベーション</td><td>技術使用、部品・材料、組み込まれているソフトウェア、使いやすさ、または他の機能的特性といった点について、新しいまたは大幅に改善された製品（商品）またはサービスの市場への導入を意味する</td><td>○インターネット上で音楽配信サービスに接続できる携帯型音楽プレーヤーが初めて登場した<br>○あるカメラフィルムメーカーが、世界で初めてカメラフィルムの技術を液晶ディスプレイの保護フィルムに使った</td></tr>
<tr><td>プロセス・<br>イノベーション</td><td>新しいまたは大幅に改善された生産工程、または配送方法の自社内における導入を意味し、技法や装置（機器）およびソフトウェアに関する大幅な変化もその対象とする</td><td>○ある工場が大最生産している製品の最終検査機器を改良したところ、不良品の発見率が5%向上した<br>○ある大手運送会社が全トラックの配送ルートを見直して、燃料コストを5%削減した</td></tr>
<tr><td rowspan="2">非技術的<br>イノベーション</td><td>マーケティング・<br>イノベーション</td><td>製品またはサービスのデザイン、または包装の大幅な変更販売経路・販売促進方法、あるいは価格設定方法に関わる新しいマーケティングの方法の自社内における導入を意味する</td><td>○ある携帯電話メーカーが、消喪者の嗜好の変化に合わせて、携帯電話のカラーバリエーションを増やした<br>○他社のインターネット販売の売上が好調であることから、あるメーカーもインターネット販売を始めた</td></tr>
<tr><td>組織<br>イノベーション</td><td>企業の業務慣行、職場組織、または社外関係に関する新しい方法の自社内における導入を意味している</td><td>○ある企業が、これまでの部門別での対応では難しい業務が増えたので、部門問横断プロジェクトチームを結成した<br>○ある企業が、中国企業との取引が増えたので中国語研修を始めた</td></tr>
</table>

出所：文部科学省科学技術・学術政策研究所「全国イノベーション調査」「イノベーション」に対する認識の日米独比較」、OECD “OSLO MANUAL” をもとに厚生労働省労働政策担当参事官室が作成

を挙げてみよう。

日本では、素晴らしい発明とイノベーションがなされてきた。しかし、1991年から現在に至る30年間には、IT関連を除いてそれ以前の勢いがないことに気づく。モノがなく、足らなかった時代には、必然的に創造性が必要だった。しかし、バブルの終わり以降は物質的な不足感があまりなく、かと言ってインターネットの時代に社会的な利便性の欲求は、米国が強いIT関連に向き、やがてビジネスの基軸がクラウド関連に向かっていく。

人は過去、あくなき利便性を追求してきた。しかしこの30年間は、ある程度流れに身を任せた方が楽に過ごせたのかもしれない。あるいは新しい創造の前に、バブルからの修復に全力を挙げていたのかもしれない。

2022年以降の円安を、単に米国との金利差に求めるのではなく、構造的に国力を憂う主張もされている。国際収支の中GAFAMなどデジタル社会の牽引企業に、私たちはサブスクという形で円を弱くしていることに気づいていない。各種クラウドの使用やTeamsなどを含むMicrosoft365、ネットフリックス、プライムビデオ、チャットGPT、ユーチューブ

## 発明の日本史

| | | |
|---|---|---|
| 1776 | エレキテル　摩耗起電機 | 平賀源内 |
| 1869 | 初の電信　東京―横浜間 | |
| 1872 | 初の鉄道　新橋―横浜間 | |
| 1882 | 日本初の街灯　東京銀座二丁目 | |
| 1885 | エフェドリンを発見 | 長井長義 |
| 1889 | 破傷風菌を発見 | 北里柴三郎 |
| | 電気連動時計 | 屋井先蔵 |
| 1890 | 自動織機 | 豊田佐吉 |
| 1892 | 種麹 | 高峰謙吉 |
| | 実用乾電池 | 屋井先蔵 |
| 1894 | 消化酵素剤 | 高峰謙吉 |
| | 真珠の養殖法 | 御木本幸吉 |
| | ペスト菌 | 北里柴三郎 |
| 1901 | アドネラリンの製法 | 高峰謙吉 |
| 1906 | 新タカジアスターゼ剤と製造法 | 高峰謙吉 |
| 1908 | グルタミン酸ナトリウム　味の素 | 池田菊苗 |
| 1910 | オリザニン抗脚気有効成分　ビタミン B1 | 鈴木梅太郎 |
| 1911 | スピロヘータ・パリダの培養 | 野口英世 |
| 1914 | 和文タイプライター | 杉本京太 |
| | 若宮　航空機母艦　貨物船を改造 | 日本海軍 |
| 1915 | 世界初の金属製シャープペンシル | 早川電機工業 |
| 1917 | 理化学研究所創立 | 日本海軍 |
| 1919 | 乳酸菌飲料の量産化　カルピス | 三島海雲 |
| | 鳳翔　航空母艦 | 日本海軍 |
| 1925 | 八木アンテナ | 八木秀次 |
| | 内面つや消し電球の発明 | 不破橘三 |
| | クレパス | 山本鼎 |
| 1927 | 分割陽極マグネトロン | 岡部金次郎 |
| | 乾電池付きナショナルランプ | 松下幸之助 |
| 1928 | 実用ファクシミリ | 丹羽保次郎、小林正次 |
| | ブラウン管テレビジョン　公開実験 | 高柳健次郎 |
| 1930 | フェライト | 武井武、加藤与五郎 |

## 発明の日本史（続き）

| | | |
|---|---|---|
| 1931 | MK 磁石鋼 | 三島徳七 |
| 1933 | 小型ディーゼルエンジン　ヤンマー | 山岡孫吉 |
| 1939 | 合成一号　ビニロン | |
| 1943 | 核分裂実験用大型加速器　サイクロトン | 理化学研究所 |
| 1949 | テープレコーダー | 東京通信工業（現ソニー） |
| 1950 | 世界初胃カメラ　ガストロカメラ GT-1 | オリンパス |
| 1955 | 抗生物質・カナマイシン | 梅沢浜夫 |
| | 世界初の無線操縦玩具　ラジコンバス | 増田屋 |
| | 国内初の自動電気炊飯器 | 東京芝浦電気 |
| 1956 | 世界初の電子式計算機　FUJIC | 富士写真フイルム |
| 1957 | 世界初のリレー式電気計算機 | カシオ計算機 |
| | 国内初の電気やぐらこたつ | 東京芝浦電気 |
| 1958 | 世界一の高さ　東京タワー | |
| | 世界初のインスタントラーメン　チキンラーメン | 日清食品 |
| 1959 | 世界初の折る刃式カッターナイフ | オルファ |
| 1961 | 電子レンジ発売 | 東京芝浦電気 |
| 1962 | リポビタン D | 大正製薬 |
| | ダイヤブロック | 河田 |
| 1963 | 世界初の水性サインペン | ぺんてる |
| | 世界初のユニット工法　ユニットバスルーム | TOTO |
| 1964 | 世界最高速度　東海道新幹線 0 系 | |
| | 直結型留守番電話　アンサホン | パイオニア |
| 1965 | X スタンパー | シャチハタ |
| 1966 | 家庭用電子レンジ第一号 | 早川電機工業 |
| | 世界初の IC 電卓 | 早川電機工業 |
| 1967 | 自動改札機 | オムロン |
| 1968 | 世界初のレトルト食品　ボンカレー | 大塚食品 |
| 1969 | 世界初の LSI 電卓 | 早川電機工業 |
| | 世界初の缶入りコーヒー | 上島珈琲 |
| | 世界初のクオーツ式腕時計 | セイコーエプソン |
| 1971 | 世界初のカラオケ　エイトジューク | 井上大佑 |
| | 世界初のカップ麺　カップヌードル | 日清食品 |
| | 世界初のマイクロプロセッサー　共同開発 | インテル、嶋正利 |

発明の日本史（続き）

| | | |
|---|---|---|
| 1972 | 世界初のパーソナル電卓　カシオミニ | カシオ計算機 |
| 1973 | エサキダイオードがノーベル賞受賞 | 江崎玲於奈 |
| 1974 | フラッシュ内蔵カメラ | コニカミノルタ |
| 1975 | 家庭用 VTR　ベータマックス | ソニー |
| 1976 | 世界初の CPU 搭載一眼レフカメラ | キヤノン |
| | 世界初の VHS ビデオデッキ | 日本ビクター |
| 1977 | 世界初のギター・シンセサイザー | ローランド |
| | 世界初のオートフォーカスカメラ | コニカミノルタ |
| 1978 | 日本語ワードプロセッサ | 東京芝浦電気 |
| | スペースインベーダー | タイトー |
| 1979 | ウォークマン | ソニー |
| | 世界初の 3 倍モード搭載 VHS ビデオデッキ | パナソニック |
| | デスクトップ型 PC | NEC |
| 1980 | 液晶型携帯ゲーム & ウオッチ | 任天堂 |
| | ウォシュレット | TOTO |
| 1981 | 世界初の電子スチルビデオカメラ | ソニー |
| | レーザーディスクプレーヤー | パイオニア |
| | 世界初の自動車用カーナビシステム | ホンダ |
| 1982 | 世界初の家庭用 CD プレーヤー | ソニー |
| 1983 | ファミリーコンピュータ | 任天堂 |
| 1984 | 世界初のポータブル CD プレーヤー | ソニー |
| | 世界初の VTR 一体型ビデオカメラ | 日本ビクター |
| | 初代マッキントッシュ | アップル |
| 1985 | 世界初ラップトップコンピューター | 東芝 |
| | UFO キャッチャー | セガ |
| | 世界初の 8 ミリビデオムービー | ソニー |
| 1986 | 世界初のレンズ付きカメラ　写ルンです | 富士写真フイルム |
| 1987 | 世界初の家庭用自動パン製造機 | パナソニック |
| 1988 | 世界初のメモリーカード記録式デジタルカメラ | 富士写真フイルム |
| 1989 | 携帯ゲーム機　ゲームボーイ | 任天堂 |
| | パスポートサイズ 8 ミリビデオカメラ | ソニー |
| | A4 サイズノートパソコン・ダイナブック | 東芝 |
| 1990 | スーパーファミコン | 任天堂 |

## 発明の日本史（続き）

| | | |
|---|---|---|
| 1991 | 世界初の市販 GPS カーナビ | パイオニア |
| 1992 | 世界初の液晶ビューファインダー付きビデオカメラ液晶ビューカム | シャープ |
| | ポータブル MD プレーヤー | ソニー |
| 1993 | 世界初の電動アシスト自転車 | ヤマハ発動機 |
| | 青色発光ダイオード | 中村修二 |
| 1994 | プレイステーション | SCE |
| 1995 | 世界初のプリントシール機　プリント倶楽部 | アトラス |
| | 民生用液晶ディスプレイテレビ | シャープ |
| | 日本版 Windows95 発売 | マイクロソフト |
| 1996 | たまごっち | バンダイ |
| 1997 | ハイブリッドカー　プリウス | トヨタ自動車 |
| | iMac 発売 | アップル |
| | ドリームキャスト | セガ |
| 1999 | i モード | ＮＴＴドコモ |
| | 世界初のＤＶＤレコーダー | パイオニア |
| | 小型ペットロボット　AIBO | ソニー |
| 2000 | プレイステーション2 | SCE |
| | 世界初のカメラ付き携帯電話 | ソフトバンクモバイル |
| 2001 | ゲームボーイアドバンス | 任天堂 |
| | ニンテンドーゲームキューブ | 任天堂 |
| | iPod 発売 | アップル |
| 2002 | Xbox | マイクロソフト |
| 2003 | ブルーレイディスクレコーダー | ソニー |
| | 世界初の渋滞予測機能カーナビ | ホンダ |
| | ニンテンドー DS | 任天堂 |
| | PSP | SCE |
| 2006 | ニンテンドー Wii | 任天堂 |
| 2007 | 世界初の有機 EL テレビ | ソニー |

＝高度成長期

＝バブル期

など日常生活の中に溶け込むように、私たちは彼らのサービスに頼っている。しかも、資源価格の場合のように、私たちに価格決定権はない。エコノミストの唐鎌大輔氏は、これらの円の流出を「新時代の赤字」と呼んでいる。

彼によると国の経済的成長のカギは、①労働力、②資本、③技術革新であると言う。本書も、人口減少つまり労働力不足を認識しつつ、技術革新の創造力に火を灯そうというのが狙いだ。これからは、再び日本人の特性であるモノづくりやつくり直す能力に光を当てて、一人ひとりがアイデアを放たなければならない。

２０２４年の国際収支を観ると、経常収支が過去最高を更新する可能性があり、理由は貿易赤字の縮小と第一次所得収支の高水準が主な要因だそうだ。２０２４年度の輸入総額は１０５兆３８９０億円で前年比１・７％減に対し、輸出総額は１０３兆３０２０億円で前年比２・１％増となった。貿易赤字は、２０２３年度の６兆４４０億円から２０２４年度は約２兆８６０億円へと縮小している。昔、資源のないわが国は、モノづくりを通じて外貨を稼ぐほかないと教わった。やはり新しい提案を重ね、貿易黒字に転じて国を強くしていく必要がある。人口が減っていく以上、技術革新こそ私たちに残された方向性ではないか。

いない場合とがある。重要なのは問題の発見ではなく、問題の発明だ。今ある市場でのより良い製品やブランド化に対応する努力をしつつ、新しい市場を生み出す視線を持つことが重要だと言う。そのためには社会的・経済的条件に加え、文化的条件をも引き込みながら条件整備をすることが欠かせない。

TOTOの開発したウォシュレットは、まさしくそれ以前には問題視もされていなかった観点からの問いかけだった。トイレの中に電源があることや水洗便所がすでにあることなど社会的・経済的条件は必要であったが、それに加えて、お尻も洗えば衛生的で気持ちが良いという新たな文化を生み出している。靴を履けば安全で、疲れず遠くまで歩けるという価値を生み出せるかどうかなのだ。

フットマーク株式会社は、1946年に赤ちゃんのオムツカバーの製造会社として、家内工業的に創業した。1969年には水泳帽を開発し、各学校への展開を開始。その後、「介護」＝看護と介助からの造語を商標登録した。75人の会社だが、驚いたことに100年年表を作成している。

1970年以前に学校プールで水泳帽はなかった。日本以外の外国でもこの文化習慣はない。しかし、戦後プールにおける水泳教育が広まる中、プールサイドからの教員の指導を助けるため、生徒の区別を帽子の色や名前でつける提案を思いつき、今ではその文化が当たり前になっている。水泳帽を活かした教育のカリキュラムをつくり、全国の学校に普及させていった。今では健康、水泳、介護にドメインを特化し、新しい市場をつくり続けているのだ。

水泳用品一式を入れるスイムバックや、女生徒が着替える際に恥ずかしくないように、一辺にゴムを通して首の周りからすっぽりと自分の体を包んで水着に着替えやすくするタオルなども開発した。創業100年となる2046年の年表には、「世界中に笑顔が広がる」とすでに記載されている。新しい市場では、まず自分が一番になれると言う。痛快な企業家精神だと思う。

# 新しい市場

## オムツからオツムへ

二人の靴のセールスマンがいた。

セールスマンたちは同じある南の島に派遣された。二人がそれぞれ本社に連絡をした。一人のセールスマンはこう伝えた。「この島の靴の市場は非常に有望です。なぜなら、住民は誰も靴を履いていません」。もう一人のセールスマンはこう言い切った。「この島の靴のマーケットは絶望的にあり得ません。なぜなら、住民は誰も靴を履いていないから」。あなたはどちらか？

やる気があるとか、ポジティブだとか言う話ではなく、靴を履く文化をつくれるかどうかの話だ。私たちはいつも、より良い製品をつくり、世に問おうとしている。そこでは、他社よりも良い品質をつくろうと技術競争に挑む。そして、社会に製品が受け入れられて広がり、コモディティ化してくると価格競争に突入し、撤退するか市場にしがみつく。

すでにある市場を前提とする限り、この戦いは続き、人件費の安いところへのジプシーが始まる。この悪循環について疑問を持っていたところ、やや読みにくかったが三宅秀道著「新しい市場のつくりかた」(東洋経済新報社刊) に出会った。彼は、藤本隆宏東大教授が主宰するものづくり経営研究センターの研究員だった人物である。

人工物は、サービスも製品も人々を幸せにするためにある。とすれば、幸せの障害になっていることを見つけ出し、その解決を図ることになる。顧客の問題点を探し出し突き止め、解決策を提案していく。ソリューション型ビジネスのあり方だ。すなわち問題の発見だ。しかし、問題はすでにある場合と、誰もが問題と気づいて

# 日本の楽しみな動き

バブルからの修復の中、さまざまな取り組みと失敗を重ねながらも、楽しみな芽が育てられている分野がある。さすがは日本である。これからが楽しみだ。一人ひとりの創造性を活かしながら、この流れを日本に定着させれば素晴らしいではないか。

⑴半導体連合 ラピダス

1986年、世界の半導体売上高ベスト10に、日本は米国を抜いて6社も入っていた（NEC／日立／東芝／モトローラ／テキサス・インスツルメンツ／フィリップス／富士通／松下／三菱電機／インテル）。その後、1990年代半ばまで隆盛は続いたが、現在では韓国勢や台湾勢に後れを取り、ベスト10にはどこも残っていない。

2012年に電機各社の半導体部門が合流し、生まれたエルピーダメモリも会社更生法を申請した。半導体関連産業では、いまだ材料の分野や半導体製造装置分野で日本企業の存在感はあるが、2022年にトヨタ自動車、デンソー、ソニーグループ、NTT、NEC、ソフトバンク、キオクシア、三菱UFJ銀行の8社および創業個人株主12人が出資者となる、新しい連合体が日本に誕生した。ラピダスである。彼らの目標は、２０２７年の量産開始に向けて２nm（回路幅ないしは世代）のロジック半導体の開発に取り組んでいる。

２０２４年にＮＴＴは、Innovative Optical and Wireless Network（ＩＷＯＮ）：アイオン構想の仕様確定を進め、２０３０年には実現を目指している。これは、これまでのインフラの限界を超えた高速大容量通信などを含むネットワーク・情報処理基盤の構想だそうだ。ＩＷＯＮが成功すれば消費電力は１００分の１になり、伝送容量は１２５倍に増える。情報の遅延は２００分の１で済む。あらゆるモノがネットにつながるＩｏＴや人工知能（ＡＩ）などが進むデジタル社会では、世界全体のデータ量が爆発的に増加する。カーボンニュートラルの世界的要請の実現を技術革新で対応する楽しみな取り組みと言える。

この基礎となるのは、光と電気の融合デバイスだ。つまり、従来の半導体上で電子回路が担っていた情報のやり取りを、光回路に置き換える取り組みである。電子が通る銅配線に代えて、シリコンに光を通す道光導波路を形成する。１９８０年代に始まった光通信の発展形である点も、失われた30年に新しい創造の努力を継続していた点が注目される事例だろう。

⑵国産ジェット機の開発

２０２４年３月27日、経済産業省は有識者会議で検討してきた国産ジェット旅客機に関する新戦略案を公表した。2035年以降、次世代旅客機の事業化を目指す方針が示された。

2008年から進められていた三菱重工による単独プロジェクトが、2023年に撤退が報じられたとき、とても残念な気持ちでいっぱいになった。

今回の発表は、この撤退から得られた教訓を生かし、ハイブリッドや水素エンジンなどの脱炭素化に向けた次世代旅客機の事業化を、国際連携や官民の協力を徹底して、国内外の企業研究機関の連携を図り開発力を高めていくことが重要だと指摘している。これらの取り組みの背景には、カーボンニュートラルや地球環境問題への対応を前提とした消費電力の節約や省エネルギーなどのニーズが具体的にある。

# 第4章

# ナベルの創造性への取り組み

# ニーズの発見

経営理念において、私たちは「時代のニーズに合った社会的貢献をする」と宣言している。創造的な企業になるという意思表示である。ニーズの存在が、創造の契機になる。ニーズとは何か、そして、どのようにすればニーズをつかめるのか、ニーズはどこにあるのかについて考えてみたい。

ニーズとは、消費者の欲求である。消費者は理想と現状のギャップに不満を感じているものの、具体的な解決策がわからない状態にある。そして、ニーズには顕在的のものや潜在的なものが存在する。

私はこのニーズをつかむことこそが、創造性やアイデア

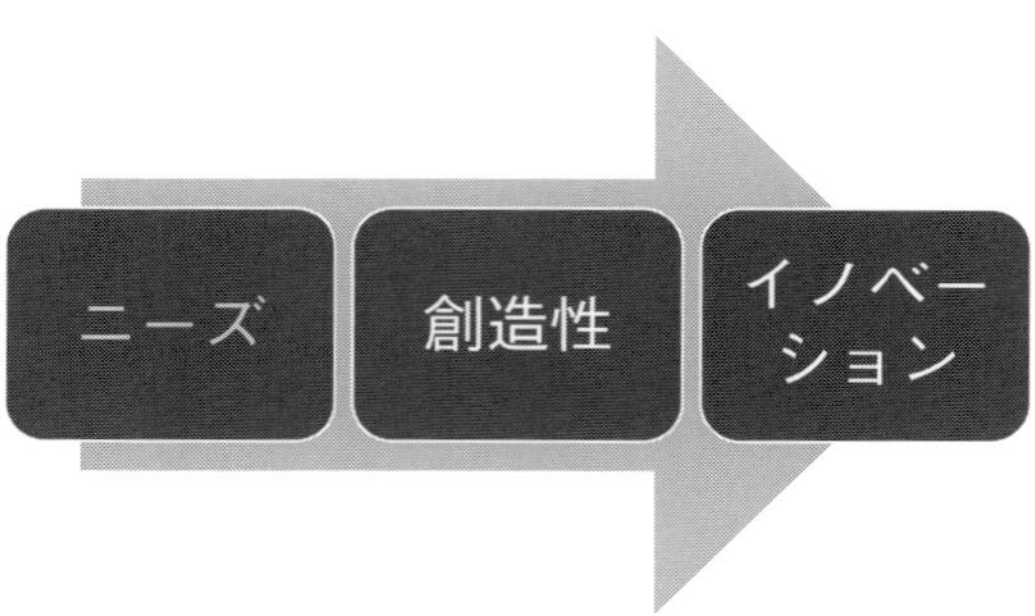


イノベーションの源泉

を発揮し、イノベーションを社会や自社に起こす出発点だと考えている。ちなみに、ニーズをつかむことと発明は別次元である。発明には、私たちが保持するノウハウやコア技術であるシーズの適応がなければ成り立たない。必要は、発明の母である。が、別次元の話である。

## 疑問を持ち、そして考えよう

さて、どうすればニーズを手にすることができるか。私は、以下の流れをいつも考えている。

### (1) Whyから始めよう

アイデアや創造性を発揮するためには、つまるところ、ニーズを嗅ぎ分ける感覚を自ら養い続ける必要があると考える。それには常に毎日、「なんでかな?」、つまりWhyとともに生活することを勧める。

不具合などが発生した際、FTA（Fault Tree Analysis）では、なぜそのミスが起こったのかを根本的原因にまで遡り思考を深めて行く。そのとき、「なぜ?」「なぜ?」を繰り返すことはよく知られており、みなさんも実践しているだろう。

### (2)Know-howは盗まれるが、Know-whyは盗まれない

昔はカメラのレンズカバーを金属でつくっていたが、ある会社がゴムによる成形品に改良して比較的お値頃価格で発売した。よく売れたそうだ。しかし、香港の展示会で発表したところ、残念なことにコピーされた。そして、さらに安い価格で市場に出回り、オリジナル製品はまったく売れなくなった。

コピーをされて憤慨した社長は、その製品を買い求めて確認したらしい。すると、製品を見た途端に笑い出した。本来つくはずではなかった側面のかすかなラインが、元製品同様に再現されていたからだ。そのラインは元の金型のキズであり、カメラのレンズカバーに求められる機能とは何の関係もなかった。まるごとコピーはできても、「なぜ?」はコピーされない。製品の機能へのWhyは、外見からはわからない。

私には、ユダヤ人の友人がいる。とても好人物で、家族ぐるみの付き合いをしている。しかし、何かとつっかかる。なぜを連発するため説明に疲れるのだ。

ユダヤ人は、子供を教育する場合、必ず最初は「相手にNoと言いなさい」と教えるらし

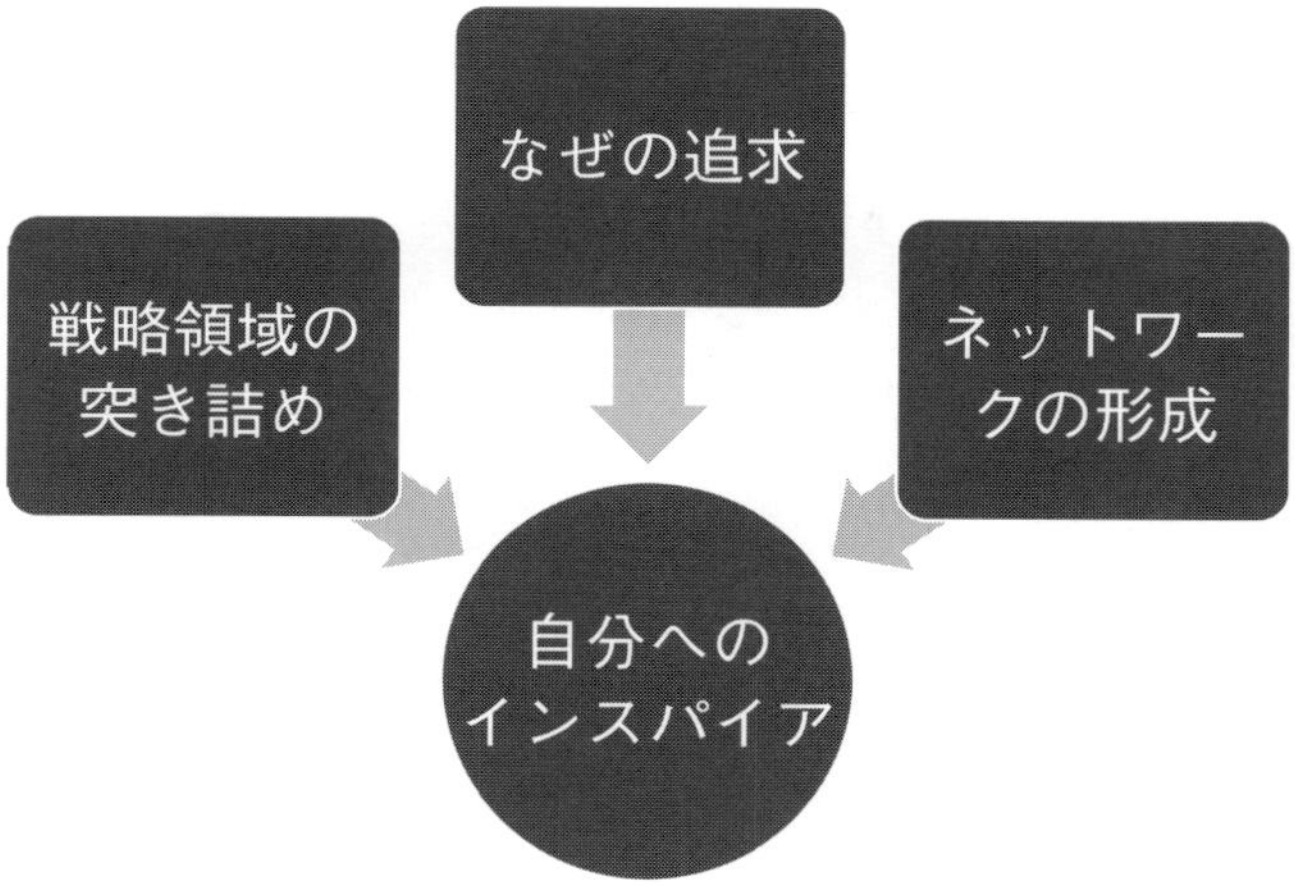


ニーズをつかむアプローチ

い。同一民族で、察しの文化で住み慣れている私たち日本人は、逆に空気を読んでか読まずか、「はい」と応える。名古屋の食堂で一人がエビフリャーと頼むと、全員エビフライを注文してしまうのが日本人だ。アメリカでも、「Ｎｏ」と答える場面で、何でも「はい」と言ってしまう日本人。

なぜ、「Ｎｏ」と答えさせるのか。はい、Ｙｅｓならば、その会話はそれで終わる。しかし、「Ｎｏ」と答えた場合、理由が必ず要る。理由を考える習慣を子供に教えているらしい。笑い話のようだが、実は示唆に富む。

多くの民族で構成されている米国などでは、場の雰囲気で事が進む状況は期待できない。他人を説得できる理由づけが求められる。そのきっかけも、「なぜ？」なのである。

### (3) Big-Whyを追う真の目的

若手営業マンに「君は何を売っているのか?」と聞くと、当たり前のことを聴かないでくれとばかり、不満げに「ジャバラ」と答える。間違ってはいない。しかし、ジャバラが何であるかを熟考せず答えてしまっている。これでは単なるWhatだ。

会社が社会に存在し、なぜ活動しているかを考慮すると、この答えでは不十分だ。機能的なカバーを提供することが、私たちの仕事であると考えると一歩前進する。Whyである。しかし、まだ真の目的には達していない。Big-Whyを突き詰めると、顧客の望む特定の環境をつくって向上させるために、私たちは機能的なカバーを提案している、となるのである。

優良企業で医療製品メーカーのホギメディカルの例に見ると、Whatは注射器、メス、縫合糸などである。しかし、自社は何のために存在するかという観点から、手術を安全に短時間で行える支援というWhyが導かれる、さらに、Big-Whyでは一日の手術件数を増やし、病院経営（事業収益）を改善する活動ということになる。

この考えをもとに、42点の部材を1つにまとめた「白内障キット」をはじめ、一回の手術に使う消耗部材を1つのキットにまとめて提供した。その後、さまざまな疾病の手術キットを次々に開発し、手術の準備時間が76分から10分に短縮され、病院一日の手術件数を7件から21件に増やすことに貢献できた。

Ｗｈｙの威力は、創造性を発揮するチャンスが大幅に増えることがわかる。

## 他人と自分へのインスパイア

私には、お得意様やビジネスを通じて始まった海外の友人がおかげさまで多い。18歳でハワイ大学の英語習得コースに参加してから、英語は好きだ。ただ発音は下手で、ネイティブの米国人などの英語もビジネスレベルでは、日本語のようには聞き取れない。趣味や世間話は、さっぱりわからない。しかし、自分の考えは、工夫を凝らしながらいつも意見を言うようにしている。いつしか相手からは、常に何かを考えている人間だと思われているようだ。

日本においても、大勢のお客様や仕入れ先、金融機関や中小企業投資育成の株主などとの面談の際に、「なぜ？」と思い思索した事柄をテーマに話すことが多い。もちろん逆もあって、多くの観点を面談相手からいただくこともある。お互い様なのだ。

このネットワークが、考える幅と深さを導く。元来、人間は物事の真理を共有したいと思う心情の生き物らしい。「なぜ?」から始まった思索が共感を生み、さらなる思索に積み上っていく関係が知的ネットワークだ。そして会話の中で、自分の思索の未熟な部分や足らない観点が埋められていく。ジグソーパズルが完成していく過程に似ている。

面談相手を共通の、ないしは共通になり得る話題に対し、「なぜ?」とその回答を紡ぎながらインスパイアすることが重要だ。面談相手は毎回変わるが、実はその相手の反応や教わった新しい観点で話を持ち出した自分自身がインスパイアされている。この流れを日常化していくと、ネットワークの広がりだけではなく、観察眼が磨かれていくことになる。ニーズ発見に近い立ち位置を確保できていく。

ピーター・ティール氏がその著書〝ZERO to ONE〟で、最近の世の中ではコピーが横行し、新しいものがつくられる機会が減っていると指摘した上で、その理由の一つにハングリーさがなくなっていることを挙げている。確かにハングリーは必要を生み、必要＝ニーズは創造や発明の母になる。

では、ニーズが生まれるのはハングリーな場合だけだろうか。創造性に灯をともすには、貧困やその他、満ち足りていない状況が必要なのだろうか。今の世の中はそれなりに貧しく

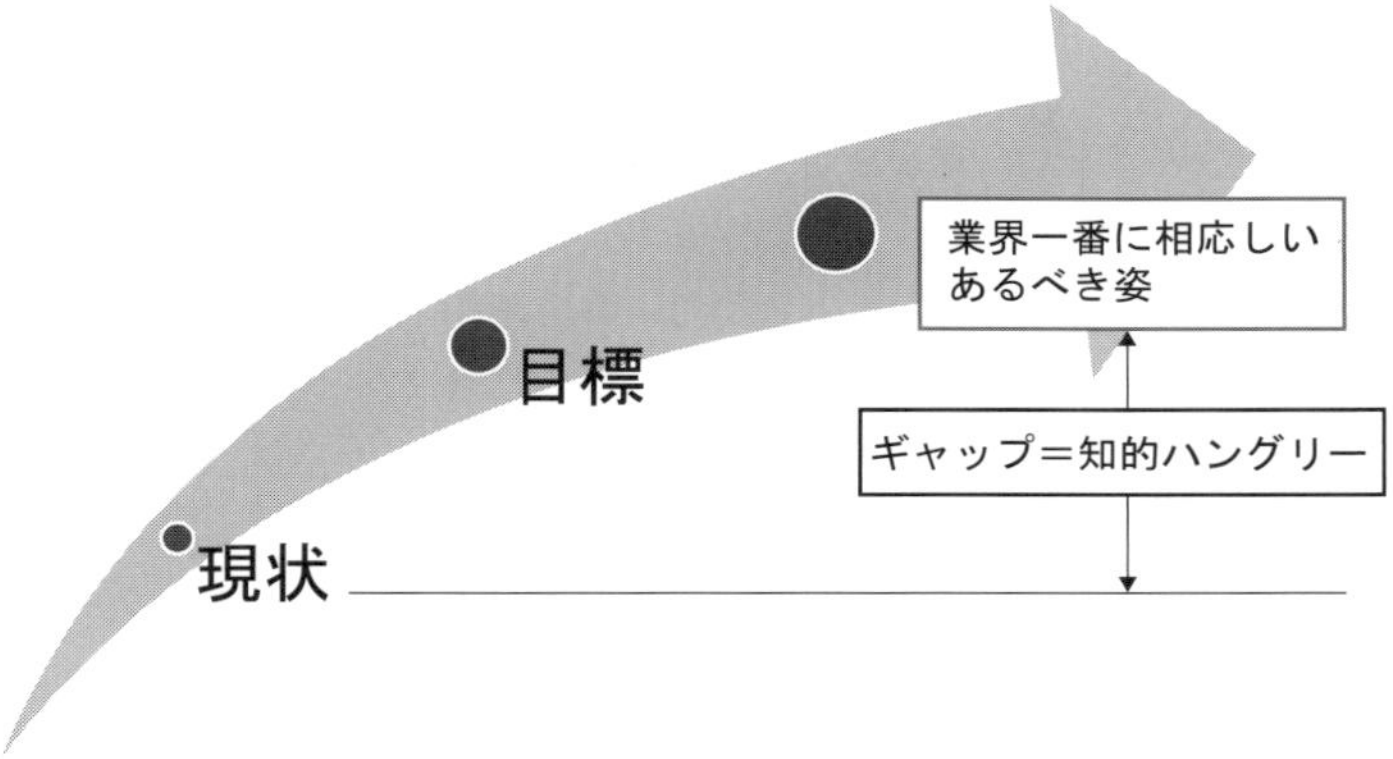


知的ハングリーのとらえ方

はなく、生活水準はそれなりに保たれ、５００円玉があればコンビニエンスストアで空腹を簡単に満たせる。また、ＳＮＳは自分の好む情報のみに触れる場であり、押しなべて人々はハングリーさを見失っている。そこで考えたのが、本論で述べたように常にあるべき姿を求め、自らを知的に刺激することが新しいニーズに接近する近道だ。

あるべき姿と現状の姿にはギャップがある。このギャップこそが、埋める工夫が求められる状況＝知的ハングリーだ。まるで空腹を埋める必要があるかのように存在する。このようにニーズをつかむことは、物質的に充たされているような時代でも十分可能なのだ。そして、ニーズには顕在的なもののほかに、みんながニーズと気づいていない潜在的なものもある。

常に、あるべき姿を探していこう。創造性は真尊敬できる関係は、顧客との関係でも重要だ。個人ではなく、組織に対する尊敬の念はつくりにくく壊れやすい。事業や仕事は、一つひとつの出来不出来と同じくらい継続できるかどうかが、重要なファクターだと思う。顧客組織に対しても、できれば尊敬の念を持ち続けたい。人間関係は対組織とは異なり、一度友人になれば、その関係はお互い死ぬまで続くものと考えている。利害関係では、ぶれない点が核心だからだ。

人間の人生は、案外短い。

仕事ができる時間も、40年前後だろう。その間、真面目な働きによって生み出す財産も重要だろう。養ったり助けられたり、心の支えである家族も大事だ。生まれてきてよかったと思いながら自分の立ち位置を知り、周囲を大事にして仕事の流儀を確立していることは、なんとかっこいい人生だろう。

哲学を持ち、筋を通し周囲に気を配りながら、決して長いものには巻かれない。そんなたくさんの人々が、社会を支え動かしている。不思議なことに、このような人々は、案外孤独で仲間を求めていることも確かだ。長いものや集団の所属意識とは別のところで、自分の考えを構築しているからだろう。会えば楽しい。会えば、元気になる。そして、また自分の哲学を確認し深めていこうと勇気が出る。

人脈をつくりなさい。人間に興味を持って、友をつくりなさい。孤独なのは君だけではない。昔から「類は類を呼ぶ」という言葉があるように、まず自分の社会人としての立ち位置を真剣に確認し、自分の仕事の流儀を見つけることから始めるべきだろう。しばらくぶりに会って、お互いに元気をやり取りできる人物になっていくことが大事なのだろう。楽しいことだ。

# 仕事の流儀

## 人脈づくり

私は、仕事を通じてたくさんの友人に恵まれている。ある意味、人脈があるということかもしれない。そして客観的に見ると、その仲間たちは皆、おかしい。

とても偏屈であったり、周囲の人間に恐れられていたり、ある意味嫌がられている場合もある。要は変わっている人が多いのだ。しかし、不思議なことに皆、仕事ができる。つまり、仕事の流儀を心得ている。何が肝心なことなのだろうか。

まず、全員が自分の社会的な立ち位置を理解している。社会的な役割の中で、自分の仕事をよく理解している。その上で、責任感と当事者意識をぶれずに持っている。悩み、考え抜かれた哲学を持っている。

人間には、与えられた天分というか、器というものがある。大きな人もいれば、深い人も浅い人もいる。器の大きな人は包容力があり、人々から慕われ、社会的な役割も増えていく。しかし、私が今問題にしたいのは、器の大きな人物だけではない。部下が１人の人も、大手企業の人も中小企業の人も、家内工業の親爺もさまざまである。すべて顔が違うように、立場も役割も、仕事の内容も違うのだ。洋の東西を問わない。宗教も問わない。

私は、友人に対し共通して持っているものがある。それは、自分にないものや共感できるこだわりを持っていることで、それを通じてその人物を尊敬している点だ。収入が多いとか権力が大きい、美人で頭の回転が良い、知識が多いとか、そのようなことは尊敬の対象にはならない。また、仲良くすれば注文をもらえる、融資を受けやすくなるなど利益供与を受けられるかどうかは、決して仲間づくりの基準ではない。仲間づくりに、計算は要らないからだ。

のニーズに気づき、そこから生まれる。

## 観察・洞察・実行力を磨く

(1)観察力

ニーズをつかむには、さまざまな事象を観察する習慣と能力を高めなければならない。そしてそれは、「なぜ?」をきっかけとして思索し、ネットワークで思索を深めることである。

(2)洞察力

感覚が鋭くなって観察力が自然に身につくと、次に違和感を持ち始める。あるべき姿からすれば、観察によって得られた事実はしっくりこない。そして、その違和感を覚えるのはなぜか。再び、思索が始まる。あるべき姿のとらえ方は、単なる個人的な憤りではなく公憤とも言うべき、あるべき社会的な規範に反するかどうかの問題に昇華する必要がある。

(3)実行力

観察・洞察した事実について、あるべき本来の姿に合致させる行動を速やかに実行する力

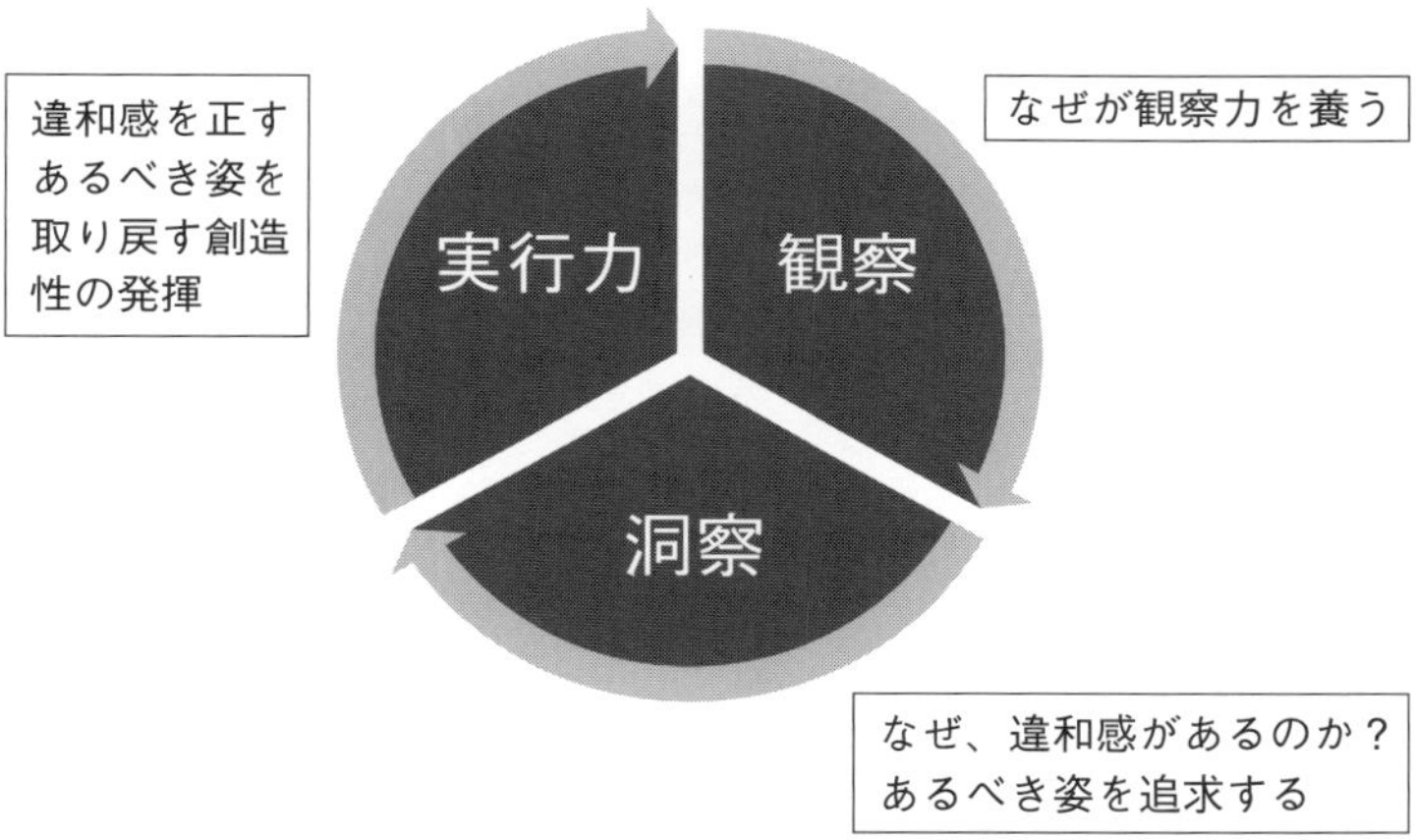


ニーズをつかむ習慣

が問われる。ここでは、創造性が必要条件になる。

### ⑷ 確認

まさしくPDCAの最後の段階である。

具体例で見てみよう。たとえば会社の駐車場に落ちているゴミを拾い、ゴミ箱に入れられるかが、中小企業の社長（管理職）になれる人物かどうかの判断基準になる。

確かに観察力がなければ、ゴミの存在に気がつかない。問題点に意識が向かない。次にこの違和感をもとに、本来あるべき姿からすれば不自然だと感じ取る力が必要になる。そして、その事実を放置せず自分から行動に出る。しかも、後回しにはしない。

この簡単な例から、「観察力の獲得」「洞察力の養成」「行動力の重要性」が読み取れる。

観察力は、普段の日常から獲得できる場合が多い。庭に生える雑草や換気扇に積もるダスト、動物からも多くを学べる。犬を飼えば、毎日の散歩や排せつ物の処理、餌を与えるなどから発見があろう。池で鯉を飼えば、水蓮が咲くのを見たり、鯉が卵を産んで子供が孵ったりするのに遭遇する。

こうして、日常と違和感を見分ける観察眼が身についていく。庭の大きな山モミジが美しい。ふと足元を見ていると、小さな山モミジの子供たちがいくつも葉っぱを出している。デンマークの教育について述べた折りにも紹介したように、絵を描くことでも観察眼は養われる。人の動作などをスケッチする訓練も十分に役立つ。日本文化の漫画なども観察力の賜物だろう。

洞察力は、やや難しい。憤りで言えば、私憤から公憤に昇華するレベルチェンジが必要になる。管理職は誰よりも会社を愛し、会社を自分の家のように思えることが不可欠だ。ゴミが落ちていることで、会社の業績は変わらないかもしれない。しかし、他者がその状態を見れば、ゴミの一つも気にしない会社の品質を疑うかもしれない。観察力がある自分は、黙っていられない。この感覚への誘いは、あるべき姿の希求の深さに関係する。あるべき姿への希求が強いほど行動即座に、効果的な方法で実現できる。部下には任せない。自分でゴミを拾い、捨てに行く。そのとき、なぜこのようなゴミが落ちているのかを考える。場合によっては、その原因を突き止めて対策を打つ。そこに新しい工夫が生まれる。これも創造力の発揮だと思う。

修身教授録第30講で、森信三氏は「廊下の紙屑というものは、それを見つけた人が拾ってやるまで、いつまでもそこに待っているものです。もっともこれは、紙屑を拾うように努めている人だけが知っていることなんですが――」と観察力と洞察力は人の意識に関わる、と指摘されているように感じる。このような活動は、一面は創造性（Creativity）にも通じていくものである。

仕事のできる人の特徴は即断力にある、と井下田久幸氏は「選ばれ続ける極意」で言及する。そのためにはＷｈｙを体系化し、物事に興味を持ち好奇心を養う。それに物事を客観的に見る俯瞰力を備え、要約する力を育てる。他責ではなく感謝の念を持って自責を常とし、能動的に事をやり切る遂行力が条件となる。確かにここで掲げるビジネスマンの成功の条件は、私が述べる創造性の実践（Ｗｈｙから始めて観察・洞察・実行力を身につける）に通じる。

応用的に活用できる場面がある。

人は、関連性と違和感、そして応用活用ができる生き物なのかもしれない。ある意味、新しい創造は模倣から生まれる。今使用している言語は、母が話す言語、すなわち母語だ。これは必ず母の話す言葉の模倣と言えよう。しかし、今は自分でものを考えている。模倣から創造を、私たち全員が生み出している。つまり、偶然に何かが突然生まれることはない。創造性は空想からではなく、日常から生まれるのだろう。

勉強をする意味を、ちゃんと話せる親はなかなか居ない。勉強して良い成績を残し、公務員か一流企業に入れるように、良い大学に行くためと考えている。しかし、そうだろうか。私は観察力を磨き、多くの点を人生で集めるために勉強をするのだと考えている。豊かな人生は、豊かな感性や豊かな観察力から点が線になり、面になり立体になっていくことを味わえるかどうかだと思う。

顧客の悩みを聞いて、顧客の問題点を知る。その課題を解決する場合、現状をよく聞き取る。そして悩みの深さを知る。過去の解決策を吟味する。なるほど、よく考えられていることに感心する。しかし、違和感はないだろうか。物事を表からしか見ていない結果ではないだろうか。

私は、温故知新という言葉が好きだ。当社の社訓でもある。温故、すなわち現状把握は重要だ。時間軸を遡って今の状況を把握することは、会計のバランスシートを損益計算書から観察するのと似ている。しかし、現状を踏まえた次のプランが、知新だ。過去を否定はしないが、もっと違った可能性を接木のように生み出すことは可能だろう。人は人生で、自分の脳を3%しか使い切れていないと言われる。アインシュタインでも14%だ。97%の可能性があったはずの発明が今までだとしたら、その97%の脳が違和感をもたらしているのかもしれない。

# 創造性とイノベーション

## 脳の可能性

新しい発案を行うことは、簡単ではない。クリエイティブな発想はどこから来るのだろう。どうすれば、創造性と呼ばれる活動ができるのだろうか。誰もがその謎を知りたいと思う。

モノをつくれば売れる時代や右肩上がりの時代は、少子化・高齢化が進む中、しばらく私たちのモノではなくなった。こんな時代だからこそ、イノベーションをもたらす何かを生み出し続けなければならない。そんな、焦りの時代に光をもたらすのが創造性だからだ。今までにないものやサービスでは利便性を生み出すことがカギとなる。残念ながら私たちは、ドラえもんのポケットや魔法の杖を持ってはいない。だから、何もないところから、願うものを生み出すことは無理な話だ。どうやら簡単には上手く行きそうにない。

私は、違和感を大事にしたいと考えている。何かおかしいな、変だな、腑に落ちないな…。つまり、「なぜ、この違和感があるのか？」「なぜ、この現象があるのか？」を考える。違和感は、ぼんやりしていても嗅覚などで感じることがあるが、主には視覚を通して、何かを集中して観察することから惹起されることが多い。観察力が磨かれていないと、違和感も覚えない。つまり、過去に体験した自分の持つあるべき姿との違いから、物事の本質が見えてくる。何かと何かを結びつけることで、新しい発想を生み出すことはできそうだ。

創造的企業であるアップルの創業者、スティーブ・ジョブズも、一つひとつのドットの重要性をスタンフォード大学の卒業式のスピーチで話している。ある日のある観察の集まりがやがて線になり、面になりそして立体になっていく。ドット、点をつかむ力が重要になるのだ。ある分野で有効だった考え方や切り口が、他の分野で

## 限界ぎりぎりの追求

どこに、ニーズがあるのだろう?

「お能にもお茶にも型というものがあります。およそ世の中に、型にはまる、という事位理想的なことはありません。何でも型にはめさえすれば、間違いは起こり得ないのです。また、型にはまらなければ、型を破ることもできないのです」

これは、白洲正子著「たしなみについて」の中に書かれた一節である。私は、能もお茶もたしなまないが、この言葉はある意味、新しいアイデアを生み出すヒントを示唆している。すなわち、何かを生み出す際、基本的な枠組みを度外視することはできないことを表している。

創造性とは、「既存の枠にとらわれずに考える」ことではなく、「既存の枠の限界ぎりぎりのところで」考えることなのだ。創造性とは既存の枠の限界に立ち、そこを探索し、限界を押し広げることである。既存の枠の限界は、既存のものと新たなものの間、異なる業界、異なる知識領域、異なるスキルの間に現れる。そこに踏み込めば、他者の業績を手本にすることができる。しかし、既存の枠の外に出てしまってはどうにもならない。

「あなたはOUT OF BOXな人だ」と言われることがある。箱（型）に収まらない発想の持ち主だと。しかし、私の発想がOUT OF BOXで型破りなものだとすれば、この感覚を誰かに引き継いでもらうこと、イコール事業の承継は不可能と思う。なぜなら、個人特有のセンスに依存する能力は引き継げない。また、まず型にはまることを経験せずして、新しい事柄は生み出せないからだ。

創造性は人間、誰にもあるのか？

もともとの言葉は、ラテン語で「生み出す」を意味する動詞creareの名詞形creatioを語源とするらしい。近代以前の世界では、生み出されたものはすべて神の手によるものと考えられていた。人間に内在する創造性は、聖霊の力によってのみ解放されると考えられていたのだ。しかし、そのような時代は終わり、心理学者のミハイ・チクセントミハイは２００６年に、「もはや創造性は、少数者のための贅沢品ではなく、あらゆる人にとっての必需品となった」と述べている。

イタリアの社会学者であるパレートは、この世界の全人間は２つの主要なタイプに分かれ

ただ、組織としてはどうか。会社としてどのようなパラダイム転換にも立ち向かい、新たなイノベーションをつくっていくには、人を活かせる組織をつくることだ。そしてその要締は、いかに組織内にリーダーと呼べる主体的な人材を育てるかにかかっている。社長の私だけではなく、各リーダークラスから文字通りリーダーシップを磨かねばならない。それでは、リーダーシップとは何か。以下の6つが重要であるとされる。

①指示命令＝即座の服従＝いつまでに何をやるかを細かく指示して進捗を確認
②ビジョン＝長期視点の提示＝なぜその仕事が必要か、Where/Why/Howの提示
③関係重視＝調和の形成＝本人や家族の状況を気にかけ、情緒的な関係を重視
④民主＝情報の吸い上げ＝全員の意見を吸い上げ、意思決定に際して衆知を結集
⑤率先垂範＝模範の提示＝仕事の進め方を行動で示し、困難時は自らが対応
⑥育成＝能力の拡大＝時間をかけても部下の成長を優先し、相手に合わせて指導

これらのバランスが重要で、イノベーションのできる会社はビジョンを明確に示すことができているらしい。Apple・Google・Facebookなどの海外企業に対して日本の企業はこの点が弱く、中小企業ほど人材不足であるため率先垂範形のリーダーが多い。

私は、この6つに加え前提条件として、主体的に自立していることを求めたい。Self-motivationが頭脳に組み込まれていることが重要だ。INNOVATIONの語源は、IN＝自分からの改革であり、決して仕事をやらされているのではなく主体的にかつ自律的に進められることが、自己実現と自己発見につながると信じているからである。頑張ろう。

# イノベーションができる会社

## 6つのリーダーシップ

先週、世界を代表する蛇腹メーカーA&A社（1946年創業、従業員数450人、売上高100億円）から、当社子会社にアドバイザー会社を通じて、M&A（Mergers and Acquisitions＝合併と買収）の打診があった。この件を、米国で一番の顧客の担当者に話すと、「ナベルさんは一流の品質とサービスを持っている。したがって、高い評価をする外部機関は多いのでは？」と返された。確かに平成25年度の知財功労賞も含め、社会的評価が高くなっていることは、みんなの努力であり喜ばしい。しかし、本当にイノベーションを実践できる企業なのだろうか。

日本人は古来、極めて優秀な人材を輩出している。文化的にも優れており、世界共通の価値観である真・善・美のうち、特に美意識においては類まれな感性を持っている。江戸時代に一番の輸出品であった陶磁器の包装紙は、あの有名な浮世絵だった。遠近法を無視した独特の表現方法と精緻な筆遣いは、当時の欧州での古典派、バルビゾン派、印象派に大きな影響を与えた。マネ・モネ・ゴッホ・ドガ・セザンヌ・ルノワール・ロートレック・シーレ・クリムトなどの作品に浮世絵の影響が見られる。最近のアニメーションの分野でも、クレヨンしんちゃんや孫悟空、ドラえもんなど、ミッキーマウスやスヌーピーなどを抑えて堂々の上位独占だ。

そう言えば、欧州での美は人に見せるための美、美術館の美であるのに対し、日本人の美は衣食住のすべてに職人の技が光る、生活の中の美であることが注目される。浴衣姿の女性の蛇の目傘姿や、お箸の図柄まで生活の中に美しいセンスが宿っている。また、自然科学では特に個人の創造性は発揮され、iPS細胞の山中教授などノーベル賞受賞者は、21世紀に入って米国に次ぐ2位だ。個人としての日本人の創造性はもはや否定できない。

ると指摘する。一つは投機的タイプの人間で、新しい組み合わせの可能性に常に夢中になっているタイプである。もう一つは型にはまった、着実に物事をやる、想像力に乏しい、保守的な人間で、投機的な人々によって操られる側の人である。

前者のタイプの人間は、この世の中を組み立て直す側の人で、アイデアをつくり出す先天的才能を持ち、その才能は決して稀有なものではない。したがって、神の申し子である人間がすべて翼を持っているわけではないにしろ、諸君のすべてがその翼を持つ人間の一人でありたいと望み得る程度には、多くの人々がこの翼を持っているわけである。

両方のタイプが存在すること、いずれも大事な社会の構成員であることは間違いないが、少なくとも半分くらいの人は創造性を発揮できるのではないか。

創造性を実践するには、クリエイティブになるという決意が重要である。世の中に、今までなかったことを提案することの清々しさと、できない理由を探すのではなく、できるはずだ、解決策は必ずあるはずだとの強い信念から、ニーズへの解決策を創造することが重要なのは言うまでもない。

## アイデアをつくり出す原理と方法

冒頭で触れたように、本書の目的は創造性を励起することにあり、事業の継続的発展を促してわが国の国力を高めることである。アイデアを生み出す力や創造性を励起することは、原理と方法がわかれば、若手に教えることができるはずだ。

米国最大の広告代理店であるトムプソン社の常任最高責任者を務めたジェームズ・W・ヤング氏は、製品を消費者に届ける広告の斬新なアイデアを生み出す法則を「アイデアのつくり方」という小冊子に、極めて簡潔にまとめている。彼の場合、特定の製品やサービスに関して宣伝広告を効果的に行うというニーズがある場合だ。しかし、ニーズをつかんだ後での思考プロセスは大変参考になると考えた。

彼曰く、基本原理は２つある。

原理１　アイデアは、一つの組み合わせである

原理２　新しい組み合わせをつくり出す才能は、事物の関連性を見つけ出す才能によって高められる

イノベーションについて、シュンペーターは新結合という表現を取っているが、その前提であるアイデアも一つの組み合わせだとヤングは言う。そして、その組み合わせをつくり出す才能は、物事の関連性を見つけ出す才能に基づいていると言及している。

観察、洞察、行動、検証というサイクルについて前項で書いたが、私の見解も表現が違うものの、その方向を述べているように思う。事物の関連性を知るためには、事物そのものを追求することから始まる。ヤングは、方法として以下を挙げている。

方法1　資料の収集～特殊資料
　　　～一般的資料
方法2　資料の咀嚼
方法3　孵化段階～意識の外での組み合わせ
方法4　ユーレカ～アイデアの実際上の誕生
方法5　現実の有用性に合致させる工程

まず、広告対象の製品と消費者についての具体的な特殊資料を集めること。そして、その背景となる一般的情報を集めることから始める。自分にも経験があるが、アイデアの新規性確保をあせるあまり、この基礎情報の収集は案外疎かになってしまいがちだ。具体的なアイ

イノベーションを実利に変えていく手段

デアに関連する過去や現在の知見がないか、特許や論文を集めることが大切である。温故知新と言い換えられる。また、広く背景にある文化や歴史、社会情勢を勉強することも欠かせない。

次に咀嚼する段に進む。集めた情報を精査することも、結果をあせるあまり軽率にしがちだ。そして、孵化状態では意識の外での組み合わせに着手する。なかなか表現が難しいが、私の場合、眠っている間に何やらアイデアのようなものが固まってくる経験があった。朝起きてみると、第４段階のユーレカに到達していたとの感覚を味わった。

このブレイクスルーのような手応えは確かにあり、アインシュタインは髭を剃っているときに偉大な理論にたどり着いたらしい。ピカソは、バスタブに浸かっているときに多様な角度から見たモノの形を一つの画面に収めるキュビズムを考えついた。日々の仕事の合間のわずかな休憩時間などが、創造プロセスの重要な要素である。

最後に、このアイデアが有用かどうかを煮詰める作業が必要になる。私の場合は、特許や実用新案、意匠など知的財産権の検討を手順として実施している。新規性や進歩性に加え、有用性についても、構成要件を考える過程で形が煮詰まっていく。

知財が確保できても、創造性やアイデアが文書や形になっただけで、売上に結びつくことはない。むしろこの段階では、知財に関しての決して小さくない経費を使う決断をしただけの段階と言える。イノベーションにつなげる経済的な利益を生み出す努力と、儲ける努力がここから始まる。

## 近年における創造活動の実例

### ▼2011年　折り畳みソーラー

リーマンショックを受けたとき、2009年から2010年にかけて売上が半分近く消失し、雇用調整助成金の助けを借りながら何とか凌いだことは前述した。このとき、今までチャレンジを意識的にしていなかった戦略領域に対して、光を当てる試みをした。メンテナンス事業やネイチャーテクノロジー、今までになかったポートフォリオを描いてみたが、その中で再生可能エネルギーとジャバラの関係が私には結びつかなかった。そこへ、不幸にして発災したのが東日本大震災だった。停電対策の遅れや電力確保のニーズが顕在化したのだ。

スマートフォンの時代、電源がないと災害状況のニュースを得ることもできなければ、家族や大切な人の安否確認もできなくなる。そこで、考えた。太陽は、被災した次の日も昇る。電源がなくなっても、その太陽を活かせないか。ジャバラは、その伸縮機能や折り畳み機能を活かすことで、表面積が拡大する性質を持っている。

折り畳み式ソーラーパネルを思いついた。創造の段階だった。

しかし、再生可能エネルギーの普及で当時、政府を挙げて推進していた固定価格買い取り制度で使われていたＰＶはシリコンのガラスタイプだ。持ち運ぶには重いし、落とせば割れる。リュックに担いで持ち運ぶイメージが実現できなかった。

銀行関連で市場調査をしてもらうと、約１万台がすでに米軍などに販売されていると知らされる。後の調査でわかったことだがＣＩＧＳタイプで、軽く折り畳めるものだった。軽量化は課題だが、市場はある。現状を調べよう。

変換効率は低いが、アモルファスシリコンが良さそうだ。ペロブスカイトの変換効率は魅力的だし、ますます開発は進むだろう。しかし、今のところ原材料に鉛が含有されていることや、水蒸気などに弱く耐久性の課題が気になるところだ。

アモルファスタイプを取り扱う各社を訪問し、話をお聞きした。どうやら、もともと富士電機の熊本工場で生産していた製品で、今は、F－WAVEというニュージーランドの屋根材を生産しているメーカーが営業譲渡を受け、引き継いでいる旨の情報を入手する。さっそく熊本まで飛んだ。そして、サンプルを手に私のアイデアを話して、直接の購入を訴えた。

幸運にも、私たちのような小口メーカーにも口座をいただくことができ、材料に関する課題がクリアになった。この材料が手に入らなければ、創造が形にできなかった。製作と検査に使う機材は、補助金で導入をさせていただいた。

製品化に向けた市場調査には、防災展などをはじめとする展示会での発表が必要と考え、出展を繰り返した。後の電池開発でご指導いただいた三重大学の坂内教授にお世話になった。そこで得た情報として、過去作は防水性・耐久性に難点があったらしい。また、モンゴ

太陽光パネルの産業援用に向けて

| 種　類 | 変換効率 | 特　徴 | 用　途 | 課　題 |
|---|---|---|---|---|
| ガリウムヒ素 | 34% | 高価 | 衛星・宇宙 | 価格 |
| シリコン<br>単結晶<br>多結晶 | <br>15～20%<br>15～18% | 大量生産<br>屋根 | 屋根<br>フィールド | 重量 |
| CIGS | ８～12% | 軽量 | | 耐久性 |
| アモルファス<br>シリコン | ９% | 軽量 | 屋根 | |
| ペロブスカイト | 20% | 軽量<br>曲面加工 | 多種 | 耐候性<br>耐久性<br>環境（鉛使用） |

ルから来たという商社の女性からの情報もあった。移動式の住居ゲルに、ガラス系ではない軽い折り畳み式ソーラーがあれば便利だろうと、彼女も大変興味を持ってくれた。

太陽は、移動するため日影ができる。従来の直列式では、一部の日陰で発電が止まってしまう。Ｆ－ＷＡＶＥのアモルファスシリコンは、幸い高電圧低電流の特徴がある。後は基盤設計次第で並列が可能である。また、封止剤の選択により防水性能も高められる。

次に、発電した電気を溜めるリチウムイオン蓄電池の開発が必要だった。10年前の市場には、１００Ｗｈくらいまでの携帯電話用はあったが、パソコンを使用するための２００Ｗｈ程度のものが欲しく、市場には少なかっ

パネルのサンプルを持ち込み素材提供を依頼

た。また、日本国内に500個前後の小ロットで開発、製造してくれるメーカーもなかった。そこで、日本製のリチウムイオン電池18650型を使用し、アッセンブリーを行っている台湾の企業に協力を求めることにした。

モックアップまで漕ぎつけたのは、鴻海精密工業の子会社URE社だった。鴻海での私のプレゼンで話が進んだ。しかし当時、鴻海はシャープ買収の案件を抱え、不採算部門を整理する計画が打ち出された。残念だが、頼りにしていた会社がなくなることになり、方針の切り替えに迫られた。

思案した挙句、その部門の一人を採用して、新たなメーカーを探すことにした。そこで、パナソニックの18650型を使用してリチウムイオン電池を製作するメーカーに出会っ

災害時に活躍するソーラーパネル「ナノグリッド(72Wh)」

た。ＪＭＳ社だ。おかげで、当社の太陽光パネル・ナノグリッドに対応するナノサポートを５００台生産することに成功した。パネルと電池が入るバッグも、当社台湾拠点の李所長の人脈を活用し、台南で製作してもらった。これで何とか製品は整った。

並行して進めていた知財活動も弁理士の協力で進めることができ、特許も日本・中国・台湾で登録された。この段階までが、創造性の発揮と知財の確保だ。しかし、市場に商品を受け入れてもらうイノベーションの活動は、非常に苦労した。

ここからのマーケティングにはさまざまな手を打った。日本人は、災害が過ぎれば、忘れたように日常に向かう。ただ、熊本地震や北海道地震、広島土砂崩れ、千葉の豪雨など、「忘れる」暇もなく災害は続いた。防災展での提案は継続し、次第に世間の関心は増していった。

地方公共団体は、製品が優れていても信用がなければ、寄付など受けてくれない。寄付を積極的に活用したのは、認知度の向上に加えて社会的な信用を構築するためだった。三重県庁に長年勤めた山路顧問から的確なアドバイスを受けた。

必要性・有用性に自信はある。災害時だけではなく、キャンピングやアウトドアライフなど普段から使用できるのも売りだ。このほか米軍へもアプローチし、サンアントニオに出向いて大佐たちにプレゼンもした。そして、見積り提出まで進んだ。必要性はさらに自信を深めた。

防衛省への案内も、特定の信用ある優秀な商社を紹介いただき、提案を続けてきた。徐々に省内での営業を進めていただき。２０２３年5月に入札を経て、見事に採用を勝ち取った。なんと、アイデアが生まれてから12年目だった。ウクライナとロシアの戦争が始まり、防衛装備品の需要が高まっている。破壊による電源喪失の対策には役立つ製品かも知れない。

同じ年、照明デザイナー石井幹子様の誘いでフランス・パリのMaison&Objetに参考出品

折り畳み式ソーラーパネルの公知徹底戦略

| アクション | 発表情報媒体 |
|---|---|
| 伊賀市への寄贈<br>伊賀消防署への貸し出し | 新聞発表 |
| 伊勢志摩サミット | 特産品採用・出展　新聞 |
| 三重大学プレス発表 | 新聞・テレビ |
| 県庁・７市への寄贈 | 新聞 |
| 伊賀市ふるさと納税の返礼品<br>阿武町ふるさと納税の返礼品 | 新聞 |

する機会をいただいた。前年、Ｆ－ＷＡＶＥ眞野社長の紹介で石井様とは初めてお会いした。創エネあかりパークへの参考出品をＦ－ＷＡＶＥとご一緒させていただいた。

パリでの出展作品は石井様のデザインによる「几帳」で、ガラス越しの太陽光を活用し、発電した電気をオカムラ社製の蓄電池に溜めるというプロジェクトだった。

コロナ禍での働き方の変化により、この電池さえあればコンセントの有無にかかわらず、室内で仕事が進むというわけだ。枠組みは家具のオカムラの担当で、中身のジャバラはナベルで担当させていただいた。パリの会場では、石井幹子様のご長女、照明デザイナーの石井リーサ明理さんが責任者となり、明かりのトレンドに対する世界中からの質問に対応されていた。毎日会場に早く来られ、出展物を一つひとつ愛しむように清掃されていたのが印象的だった。開場後、海外からの第一の訪問客が「几帳」を目指して来られるなど大変好評で、その後もいろいろなリクエストやアイデアをいただいた。

明かりのトレンドを世界に提案し続ける10年目の記念展示会に参加させていただいたのは、とても幸運だった。Maison&Objetによって、トレンドはファッションや日用雑貨に至るまで、プロの芸術家によってつくられていると感じた。創造性の極みだと思った。ジャバラメーカーが、Maison&Objetに出展の機会を得るとは感慨深く、ネットワークとフットワークによる積極的な事業活動が、創造性の発揮に力を大きく与えてくれていることを強く実感する。

毎年行われる創エネあかりパークにもF－WAVEと共同で参加させていただき、忍者の衣装でナベルとともに伊賀上野をアピールしている。2000年の紫綬褒章に続き、2023年に石井幹子さんは長年の功績を称えられ、旭日中綬章を受賞された。

コンセプト製品「几帳」

ギー」を35%、「原子力エネルギー」を25%、そして「再生可能エネルギー」を25%と提案する。LED照明への転換などを思い浮かべる省エネも、エネルギー総消費量を減らす手立てだ。省エネも他のエネルギー使用量を少なくできるという意味で、重要な要素と考えられている。10%の省エネは、約13基分の原子力発電所を不要にする規模だ。

エネルギーを考える場合、3つのEが重要である。Energy Security=エネルギー安全保障、Environment=環境・温暖化対応、Efficiency=効率、コストだ。それに、安全性のSが加わった。原子力は、3つのEの優等生だった。しかし、津波被害で安全神話が崩れ去り、全面廃止などという極端な議論になっている。確かに絶対的な安全策はないだろう。しかし、今回の福島の惨事を教訓に独立した第三者監視機関を設け、安全運用の基準を明確にしながら、津波対策の移動電源車の配備などの緊急安全対策やストレステスト（耐性試験）、さらにはIAEA 国際原子力機構との連携など徹底した非常事態に備える体制を構築し、25%程度の依存をすることは妥当だろう。他のエネルギーも、この3E+Sの観点からそれぞれ弱みと強みがある。

私たちの可搬性伸縮型Bella-solarは、エネルギー政策上どこに位置するのだろうか。まず、再生可能エネルギーである。しかし、太陽光パネルもメガソーラーなどの高電圧仕様もあれば、私たちのように自動車電池程度（12V）の低電圧仕様（直流750V以下。交流600V以下）もある。災害時の停電対策、防災、アウトドアライフの補助電源、発展途上国のインフラ補助電源など、一般用途でかつ安全性が重視される領域の電源であろう。通常電源を使用しないという意味で、省エネルギーに分類されるかもしれない。要は、エネルギー源としてはまだ普及が進んでいない分野で、かつ脇役的存在であることが特徴だ。発電の可搬性能よりも、電池のコンパクト性と経済的なアーステック製電池が最初に注目された理由がここにある。

電源容量は150～240Whで、コンパクトな設計によりリチウムイオン電池の可搬性を高め、コストと利便性を両立させた領域を蛇腹というコンセプトで攻めて行く。折り畳むコア技術の採用は、私たちにしかできない競争力になる。南伊勢町のおかげで当社の方向性が定まってきた。

# Bella Solar の役割

## エネルギーミックスの谷間で

南伊勢町から私たちの取り組みに高い評価をいただいた。しかし、残念ながら可搬伸縮性という点ではなく、150Wh のアーステック製リチウムイオン電池と投光機、それに 1 枚の単体パネルだ。防災観点のみならず、選挙運動中のパソコン電源などの平時利用も視野に入れた取り組みになった。街灯電源に次ぐ 2 段目の私企業との取り組みとして、担当者は当社の対応を高く評価してくださっている。数々の見本市出展や地道な努力に加えて、当社の営業活動の成果だととてもうれしく思う。では、今後どのように展開を進めるべきか。立ち位置の確認をしてみよう。

日本の観測史上最大級の東日本大震災とこれに伴う大津波、そして福島第一原子力発電所の大事故。いわゆる 3.11 の惨事から早いもので 3 年が過ぎた。2009 年のリーマンショック後、再生エネルギーと蛇腹の関係を模索していた私たちに、停電対策の不備という形で、独立電源としての可搬性（伸縮性》太陽光発電という観点を与えてくれたのもこの大惨事だった。

再生可能エネルギーとは枯渇型エネルギーに対するもので、絶えず資源が補充され枯渇することがない。利用する以上の速度で、自然に再生するエネルギーという意味でもある。2012 年時点では風力、太陽電池、地熱、バイオマス、水力など全発電量に対する割合は 10% で、水力発電を除けばわずか 1% に過ぎなかった。固定価格買い取り制度の影響で太陽光発電が増え続けているが、割合はまだ少ない。

エネルギーは、私たちの生活や農業、工業など経済活動を支える基本要素である。エネルギーミックスを考える要点は、いかに必要なエネルギー量を、安定かつ可能な限り低価格で確保する組み合わせを考えられるかである。日本エネルギー経済研究所の豊田理事長は、2030 年において「省エネルギー」を 15%、「化石エネル

## ▼2015年　Eco Cubic Filter

レーザ加工機のジャバラのお客様で、三菱商事アメリカの茂木様より具体的なニーズをお聞きしたのは、私の記録によると2015年だった。その際はいろいろな角度からニーズを伺ったが、寿命の短さと、40フィートコンテナで1440本しか運べない日本からの輸送の不便さなどの指摘を受けた。

当時、放電加工機の防塵性ジャバラに関する知見はあったものの正直、フィルターに関しては無知だった。しかし、なぜ現在の放電加工機フィルターは、円柱形をしているのだろう?

そのときは、浄化する水の流れにおいて、中心から外壁への長さが一定のため円にしていると、漠然と考えていた。「丸から四角にすれば、ケースも折り畳めるのに…」とぼんやり感想を持った。

内部にかかる圧力のことも知らなかった。0・2MPaとは、1m²に20mの高さからの圧力がかかる計算らしい。折り畳みのケースにした場合、ヒンジの部分がこの圧力に耐えられなかった。3次元CADで水の流れを解析したところ、確かに中心からほぼ円形に水が広がる。円形に問題はないが必然性はなく、四角でもよさそうだ。水の流れを工夫しよう。

「なんで、四角にしたいんだ?」と米国子会社のダン社長から質問を受け、答えに窮した。濾紙の表面積は必ず角部の部分の増加分で１・３倍ほど大きくなる。さらに、水が抜けていくジャバラの山部は、現状の円柱型平ジャバラフィルターより４・５倍長い。

思い付きと、なぜ丸なんだろうという疑問から四角角柱を選び、濾紙もカメラの蛇腹のように折ることにした。とても複雑なジャバラで、しかも大きい。ナベルでなければ、試作することすらできなかっただろう。


お世話になっている商社にお願いし、当時品質トップの三菱製紙の材料を購入できるようにしていただいた。これには戦略があって、自分たちの今後の試験確認作業に、濾紙自体の項目を減らしたかった。最高品質でテストを行いたかった。

無事に試作ができて、まずはニーズを教えていただいた米国で確認した。１６０時間も寿命が持つことがわかった。現状の製品寿命が60時間から２００時間程度であることから、可能性ありということで開発が進みかけた。しかし、こちらの開発スピードが遅く、次第に米国側の関心が薄らいでしまった。申し訳ない思いでいっぱいだった。人材不足という中小企業ならではの辛い部分である。

可能性を感じていたのに上手くいかず、残念に感じていたとき、台湾の友人が製品を見て「ＮＤＡを交わしてくれ」と依頼してきた。元ＡＭＳ社長のテリー・ハウングである。台湾で一番の放電加工機メーカーＣＨＭＥＲ社の特殊機械部門の社長だった。

彼とは２００９年からの付き合いで、ナベルのジャバラを高く評価し、特殊機用のジャバラを採用してくれた。「安かろう、悪かろう」の製品から、品質重視の視点を持ってナベルを選んでくれていたのだ。放電加工機のプロから声がかかったのである。

それから、台湾での試験が始まった。長年の彼の顧客からの要望だった。まずは環境問題と廃棄の課題が大きくあり、さらにフィルターの長寿命化が求められていた。ニーズは確かにあった。約20社で試験を実施した。一日22時間稼働のかなり厳しい顧客だ。そこで１６５０時間、続けて１９８０時間と徐々に寿命が伸びて行ったのだ。

後に彼はＡＭＳ社を退職し、新しい会社を設立した。i-Ｓｍａｒｔ社である。電気・機械工学に加えてソフトが組める優秀な技術者で、前職の関係やＣＨＭＥＲ社の社長への恩義から放電加工機の製造の仕事は携わらないという律儀な人物でもあり、ナベルとの提携を進めている。Eco Cubic Filterの特許は、２０２３年に日本と中国で登録された。

なぜ、私たちのEco Cubic Filterは寿命が伸びるのだろう。

濾過のシステムの勉強から始めた。通常のフィルターがなぜ円筒なのか。米国のフィルターメーカーに訪問し、工場見学をさせてもらった。世界に、放電加工機は何台くらいあるのだろう。そして、フィルターの需要とは…。

円筒形のフィルターの製造方法を考えると、大量生産体制ができていた。つまり消耗品であり、価格が先にある製品だとわかった。

放電加工機メーカーが管理し、純正製品を供給しているのは20％前後で、それ以外はネットでも買える製品だった。コモディティ化している。

メディアと呼ばれる濾紙自体も、多数のメーカーが市場にひしめき合っている。寿命が短いという不便さが「この程度…」という流れをつくり、消耗品がどんどん消費されていっている状況だった。中のジャバラも平折りジャバラで、形状保持は不十分だ。加工水を濾すためには、接着剤で固めて形を保たなければならない。さらに内圧の関係で、ケースも内部ジャバラも一体で固定しなければならない。価格競争で改良も制限されている状況だった。内圧が高まればまるごと廃棄になり、環境への負荷は計り知れなかった。

私たちのジャバラは、すべて加工水の流れに対して横折りになる。すなわち、メディアにかかる圧力とクロスする形になる。濾紙での濾過は１％ほどで、99％はスラッジの堆積によるケーク層によるものとわかった。つまり、ケーク層が目詰まりすると濾過性能が極端に落ち、供給される加工水のために内圧が上がって使用不能になる。

クロスフローは、このケーク層の堆積を崩しながら濾過が進むため、寿命が伸びるのである。濾紙を横折りにすることで、このクロスフローを基本としたフィルターができ上がった。スラッジが格段に万遍なく溜まっていく。

理論的根拠はわかった。このクロスフローは、身近なところではワインの瓶詰め前の濾過に、50年近く前から使用されているらしい。

台湾でのテストは、現行円筒形フィルターの8倍から18倍寿命が伸びるとわかったが、日本でのテストでは400時間前後で、フィルターの一部が破れる現象が発生した。そこで、この原因の追究が始まった。その際、使用したのは加工水に含まれるスラッジの大きさの調査だった。工業試験所でスラッジの分布を計測すると、傾向が明確にわかったのである。濾紙のポア径より小さなスラッジが濾紙そのものを詰まらせて、その部分に圧力が集中し、濾紙を破ることが判明したのである。

放電加工は、精密金型加工と部品加工に大きく分かれる。目的物の面粗さを細かく要求する精密金型加工では、細かなスラッジが生まれる。このスラッジが濾紙のポア径に詰まりやすく、寿命を限定してしまうのだ。これに対して部品加工では、スラッジの大きさがポア径を超え、目詰まりがなくクロスフローが十分機能するため、フィルターの寿命が伸びるのだ。

発明とその内容の確認は、みんなの努力を得て実現できた。この創造性をイノベーションに結びつける経済的利益を生み出す方向に進めて行こう。

## ▼2018年　協働ロボットカバー Robot-Flex

ロボットの歴史を勉強すると、１９８０年代は産業用ロボットが隆盛した時代と言われている。当時は、カメラの蛇腹専業メーカーであった私たちにとって、ロボットは戦略領域から外れていた。ドイツのフォトキナへの出展に挑戦していた頃だった。

産業用ロボットは、人に代わって重いモノを持つ作業や、危険な作業をさせる代替機能として注目される。１９９８年、デンマークのユニバーサルロボットが世界に先駆け、人と協働して働くＣｏｂｏｔを市場に投入した。日本市場へは、２０１２年にカンタム社が紹介を始めている。現在の少子化・高齢化の労働力不足を予測し、人との協働を考えた視点は素晴らしい創造性と言っていい。

レーザのファイバー化を契機に、今までの要素部品としての製造販売であるＢｔｏＢビジネス（ＯＥＭ製造）の形態から、一般消費者にも普及し得るＢｔｏＣビジネスへの転換をテーマに模索が始まった。アマゾンやショッピファイなどのｅコマースへの展開も進んでいった。そのアイテムの一つとして、台湾のテックマンロボット（ＴＭロボット）へのカバーの提案を行った。

ナベルのビジネスは顧客が望む環境のカバーに対し、素材と製法を選択して提案するモデルで、ロボットカバーもまさしく私たちのジャバラだった。顧客が望む環境はこちらから推論を立て、６種類の環境を想定して提案することにした。具体的には防塵・防水、ショットブラスト、塗装、耐薬品性、溶接、食品用途などを想定して素材を選び、一体型と分割型に分けて設計した。

その結果、幸いにも評価をいただき、周辺機器に認定されたことを示すＰｌｕｇ＆ｐｌａｙ欄に載せていただくことになった。すると逆に、日本でＴＭロボット本体の代理店にならないかというオファーを受けた。何を見込まれたかは定かではなく、初めはお断りした。制御関係の技術者も知見も、私たちにはまったくなかったのがその理由だ。

しかし、粘り強く説得されて私の考えが変わった。ロボット本体の知識がなくして、エンドユーザーが必要とするカバーはできないとの考えの下、代理店を引き受けることにした。成果物としては、カメラの認識度合いを上げるＡＧレンズフィルターなどの提案が実現した。ロボットを使う立場のお客様の要望に応えたものだ。これにより、カメラによる目的物の視認性は大幅に向上する。これはＴＭロボットだけではなく、カメラ全般が抱える光と影の課題だった。

１９８０年代は、ロボットカバーの要求に応える時間的余裕とシーズもなかった。しかし、ＢｔｏＣのビジネスモデルとしての協働ロボットカバーなら、できるだけ多くのメーカーへの展開を実行したい。そう考えて、１年間は各社への提案を優先した。そして、デンソー・三菱電機・ファナック・ユニバーサル・安川電機の協働ロボット用標準カバーを提案することに成功した。６種類の使用環境に対応するカバーの提案だったが、今後はさまざまなユーザーの要望が、次の開発につながる流れができたと感じる。

人の代わりや、人の助けをする協働ロボットの可能性は、これから使用事例が増えていくに従ってますます広がり、私たちのカバーのニーズも顕在化してこよう。２０２３年国際ロボット展では、ＴＭロボットとその周辺機器のカバーの提案ができて、ナベルのブランド化が進んだと考えている。さて、これからの新しい開発が楽しみであり、責任でもある。

ロボットを利用する時代はそこまで来ている。代理店としてロボットの拡販に向け、実際に使いこなす中小企業の立場に立ち、いろいろ新しいサービスを創造的に提案していきたい。

ＴＭロボットはカメラを内蔵し、ＡＩの機能も活用できる品質の確かな協働ロボットだ。一般的なピックアンドプレースだけではなく、検査工程や溶接などの工程で役立つロボットである。2016年以降、世界で販売台数も確実に増え、日本では名古屋の事務所も拡張した。また、2024年9月26日、台湾新興株式市場（Taiwan's Emerging Stock Market）に上場を果たした。私たちも、ロボット本体や制御プログラムの知識を増やしながら販売体制の充実を図っている。

ロボットが、これから深まるであろう人手不足や採用難に対して、有効な解決策になるだろうか。特に、中小企業の経営者の救世主になり得るか。私は、大きな課題があると思っている。大手企業の自動化に比べ中小企業の経営者は、私も含めてロボットの知識が薄く、導入の前提となるIEへの取り組みが遅れている。さらに、生産技術の専門家も会社にいない。そこで、頼りにするのがまずロボットメーカーだ。しかし、ロボットは家電とは異なり、箱から出してもすぐに役立ちはしない。専用のハンドや治具、設置台などを備え、電源を入れてプログラミングをしなければ思うように動かない。ロボットメーカーは、ユーザーの使い勝手を考えて設計に取り組むが、代理店販売で個別の中小企業ユーザーの事情には関与しないし、できない。

そこで、SIerに工程設計を依頼する。全国に1000社ほどある彼らを頼ることになる。それぞれのSIerは得意分野があり、人員も限られ、仕事を受けた期間は親身に対応してくれるが、納品後はキャッシュフローの関係で次の顧客への対応に移る。かゆいところやトータルサービスにはなかなか手が届かない。つまり、中小企業の経営者は導入を断念するか、導入してもなかなか事業にロボットを活かすことができないでいる。

そこで、ナベルは、何ができるかと考えた。

1. Robot-Flexは前述したが、視点を変えると、常にエンドユーザーの視点での提案になり、普及のために中小企業経営者に寄り添うことになる。この体制は、日々充実してきている。

2. Robot-Insightとは状態監視メカニズムのことだ。ロボットは、人間のように自らの不調を訴えない。外観からの不具合の予兆はわからない。そこで、入荷からメンテナンス・交換までずっと同じパラメーターで状態を管理する仕組みを考えている。

3. Noncontact safety sensorでロボットのリスクアセスメントについてである。人と協働するロボットが人に接近すれば、ロボットが停止するセンサーを開発している。

4. 中古市場の開拓である。交換時期を共有できるRobot-Insightのおかげで弱点を補強でき、中古市場への投入によって廉価な外国製ロボットに正面から対抗できる。

これからも、小さな力だが日本の産業のために、ロボットおよび周辺機器を通じて創造性を触発する提案を続けたい。

次に、ロボットの可能性をまとめたエッセーを紹介しよう。

多くの危険な重量物の移動などの作業はなくならないだろう。JRのみならず、建設現場や農林水産業関連、情報インフラなど、人手に頼っていた厳しい作業はほかにも多数ある。ともに、AIの技術の発展とデータの集積により、さらに便利な機能を発揮していくことだろう。

AIとは異なるロボットへのアプローチがある。それは、サイボーグ昆虫と呼ばれる領域だ。

地球は、昆虫の星と言われている。180万種の生物が地球上に存在するが、その70%は昆虫だからだ。私たちヒトは1種類だ。ヒトの脳は1,000億のニューロンからなるが、これに対して10万から100万個程度のニューロンで、人間の五感を超える多様な能力を発揮する。ゴキブリのわずかな風を感じ、打ち下ろされた凶器を逃れる素早さ。2kmも離れたメスから放たれるフェロモンを嗅ぎ分け、交尾を実現するカイコガの雄の動き。人間に見えない紫外線を、昆虫の複眼は見分ける。ミツバチもカブトムシも自分の好みの食事を見分け、嗅ぎ分け味わう能力がある。この脳を分析して、昆虫を超えるロボットを開発しているのが脳科学研究だ。

この脳の研究は、ロボットに聴覚や嗅覚を持たせ、災害現場の人命救助や空港などの麻薬犬に代わるロボットをつくることなどに活かされるだろう。事故のあった福島原発の廃炉処理など、カメラによる視覚だけではない、目的物の探索や特定、廃棄の処理にロボットが利用できれば素晴らしいことだろう。

人が減る一方で、ロボットには多くの可能性が浮上している。その成功は人次第だと考える。

# ロボットの可能性～人に代わる"第三の手"

## 苦役から解放するサイボーグ昆虫の研究

1995年に労働人口が減り始め、2008年には人口自体が減少し出した。現在の就労人口は6,795万人を数える。まだ、188万人の完全失業者が居て、完全失業率は2.7%である。つまり、まだ働ける人が世の中には居る。そのせいか人手不足の予感があるが、実感としてはまだ遠い気がしている。しかし、2030年には需給が逆転する。恐ろしい採用難と人手不足が始まると考えられるのだ。

2019年に、縁あって台湾のTMロボットの代理店になった。6軸の協働ロボットだ。ここで使う機能は位置制御が中心になる。いわゆる、ピックアンドプレースの動作である。ラインの中に、人に交じって位置移動作業を行うロボットだ。

プログラミングによりロボットが自動に動く。ダイレクトティーチングなどの機能を使えば、非常に簡単にフローを形成できる。まずは、人の作業に第三の手として助ける仕事や、場合によっては人に代わって作業をすることになる。工作機械に加工対象物を適切に置き、加工後にその完成品を取り出して収納棚に保管する。人が休んでいる夜間の作業も問題なく行え、生産性は大幅に向上できる。マシンテンディングなどはその例だ。

次に、ロボット自体を人が操る力制御の仕組みがある。「苦役」から人を開放するというコンセプトで、株式会社人機一体はVRなどを駆使しつつ高所や危険な場所での作業を、わずかな人の操縦の力により大きな力を生み出し、簡単にロボットに仕事をさせることを実現している。JRの架線工事などに使用され始めている。電気による駆動をベースに、細かな制御を実現し活用する考え方だ。

インフラの老朽化対策もわが国の大きな課題であり、また、人手で対応してきた

## AIと創造性について

ロボットは、何もしゃべらない。そもそも、どうしてロボットが動くのだろう。この疑問から、ロボットに命令を下す機械言語の必要性と、そのために人間が機械言語に変換できるプログラミング言語を使う必要性、コントローラーから発せられているさまざまな情報をクラウドに保存するためのエッジコンピューター技術の必要性に到達した。そこで、当社祝部長の紹介で出会ったのが三上氏だった。

彼は、安定した大手企業の職をうっちゃって独立し、若者を育てながら少しずつしかし確実に、製造業のデジタル化を通じてエンドユーザーの悩み事を解決に導いている。彼は自称AIのオタクである。

ある日、彼の人生の物語である独立とその後の苦労話について、AIが作詞作曲した彼の応援歌「スリーアップテクノロジーの歌」を送ってくださった。素晴らしい曲、そして詩の内容であった。非常にびっくりして、社員のみんなと共有した。すると、私の著書「美しいジャバラを求めて」を読んでくれた彼から、当社の応援歌を送ってくださった。素晴らしい。日本語、英語ともすぐにでもリクルート活動ページに使えるレベルだった。

私は、彼との最初のミーティングで紹介され、インストールしたチャットＧＰＴをときどき有効活用している。自分の知らない分野の論文などを読むとき、わからないキーワードにぶち当たる。単なる言葉の意義だけではなく、知りたい分野での体系的位置づけも知りたいのが本音だ。しかし、通常の検索サイトではなかなかつかめない。その辺りの悩みは、チャットＧＰＴなら簡単に解決してくれる。問いの立て方が間違っていても、間違いに気づかせてくれる。面白い。助かっている。夥しいデータからの回答は素早い。

テーマを理解し、作詞作曲ができることは、ＡＩ自体に創造性があるのだろうか。ＡＩが人間に代わって創造性を発揮するとしたら、その著作権は誰に帰属するのだろうか。人間の創造性が社会改革のポイントと考えている私見への脅威となるか。早く正確に結果が出たら、人は努力などしなくなるのだろうか。

２０１６年、マイクロソフト・オランダのマウリッツハイツ美術館・レンブラントハイス美術館の協力によって、17世紀の著名な画家レンブラントの新作が発表された。ＡＩがレンブラントの全作品をピクセル単位で分析し、彼の筆致の特徴をパターン化してレンブラントらしい作品を3Ｄプリンターで構成したのだ。実によくできている。

神話教育のために、古事記や日本書紀を学習させて、登場人物をＡＩで漫画化できれば、一冊の教科書にまとめられないだろうか。この場合、著作権は誰に備わるのか。この提案を思いつき、ＡＩを使ってプログラムを作成した私か、それともＡＩそのものか。

ＡＩができることは、過去のデータからの「真似」の組み合わせだ。機械学習やディープラーニングによって学習させたデータは、そもそも統計データだから著作権の対象ではないとの見解がある。また、著作権は人間の著作者のみに与えられているため、ＡＩは人間ではないことで著作権は主張できないとされている。

しかし、ＡＩが完全に自立して創作した場合はどうだろう。この点が明確ではない。

人間の創造も、その人が持つ感性と過去の経験や学習の結果生み出される場合が多いから、議論の余地はありそうだ。やはり、人間に関する研究を掘り下げていくことが、人間社会にもＡＩ技術にも重要になってくるのだろう。人間は他人に同情し、詩をつくり、微妙なニュアンスの違いも理解できる。私たち人間はさまざまな困難を乗り越えながら、環境に適応できるように進化してきた。ＡＩは、私たち人間が生み出したことを忘れてはならない。

# 第5章

# クリエイターになろう

# 思いを伝える手段を探す

今まで、中小企業にとって、創造性が存続に必要であることを繰り返し説明してきた。会社としての取り組みについて、ニーズのつかみ方や創造の流れなどを解説してきた。次に大切なことは、個人としてクリエイターになるための基本的な考え方である。チャンスは誰にも訪れるが、クリエイターになれるかどうかは本人の意識に関わってくる。まるで、人との出会いのように。

当社は、米国・中国・山口県・三重県の拠点に社員が分散している。このメンバーに、社長として自分の考えを伝えるにはどうすればよいか、いつも悩んできた。そして、リーマンショック時の２０１０年から、みんなにエッセーを送ることに決めた。

社長は、自らの考えを繰り返し10回は話すべきだと言われている。確かに、そうだ。しかし、毎日顔を合わせる社員は、３００人弱の総数の中で限られた人物にならざるを得ない。だから、文章で配ろう。そう決めた。ルールはＡ４ペーパーで一枚。文字数はフォントのサイズで調整する。２０２４年時点で、配布は２２０号を超えている。

２０１０年５月24日に発信した２番目が「自分からの始まり」で、創造性を生み出す私の考えの原点があった。ここで、クリエイターの条件を考えてみたい。

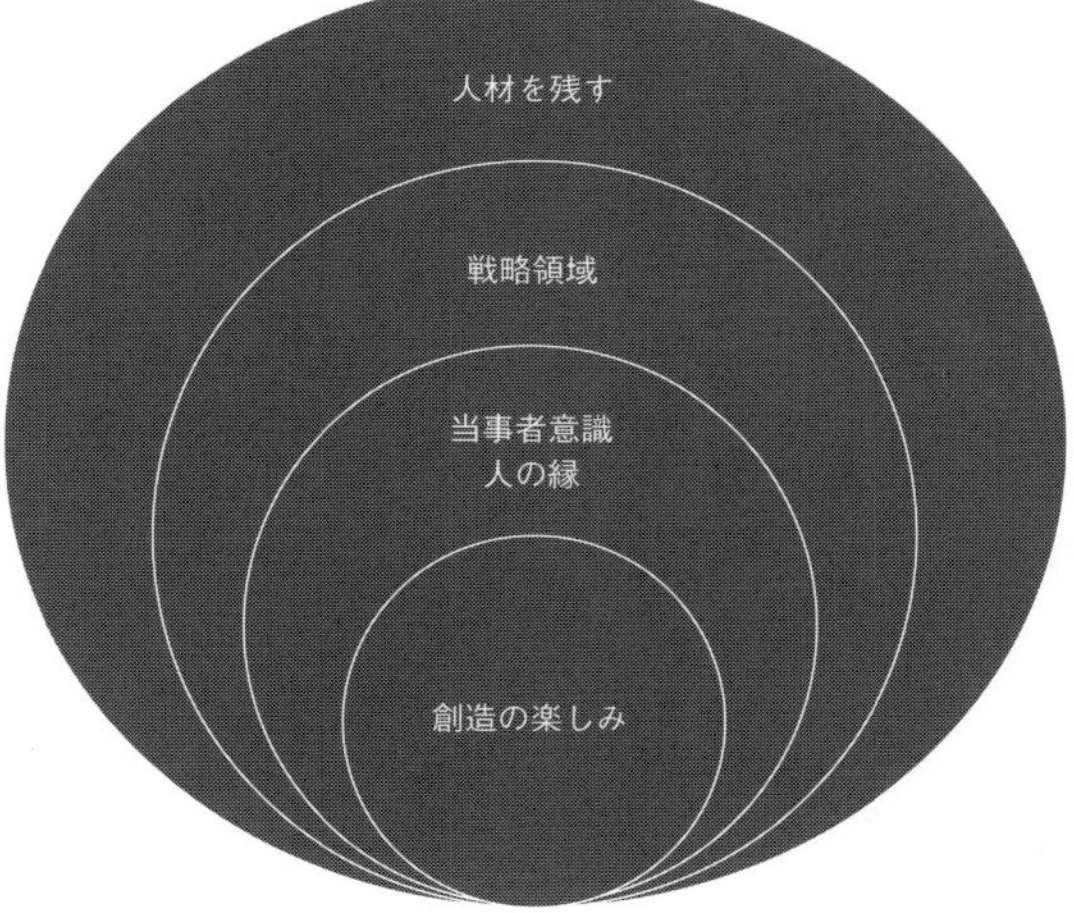


ナベルの歩む道

先にあるのではない。

自らを愛することは、利己主義ではない。個人主義ではあるかもしれないが、自分勝手ではない。人は生まれながらにして自由であり、個人の尊厳は守られなければならない。

しかし、自分を愛するということを、直視した教えはなかった気がする。他の人を傷つけてはならない、親を大事にしなさい、友をいじめてはならないなど諌めはたくさんあったのだが、自分を大切にできない人間がどうして家族や他人を大事にできるのか。

同級生をいじめたり友人をいじめたりする行為は、実は自分を大事にしていない、ないしはできていないことを明白に証明していることだ、と教えることが重要かもしれない。そうすれば、子供たちの目はきっと輝く。自分から始める勇気を持とう。この広い宇宙に、自分の代役は居ないのだから。

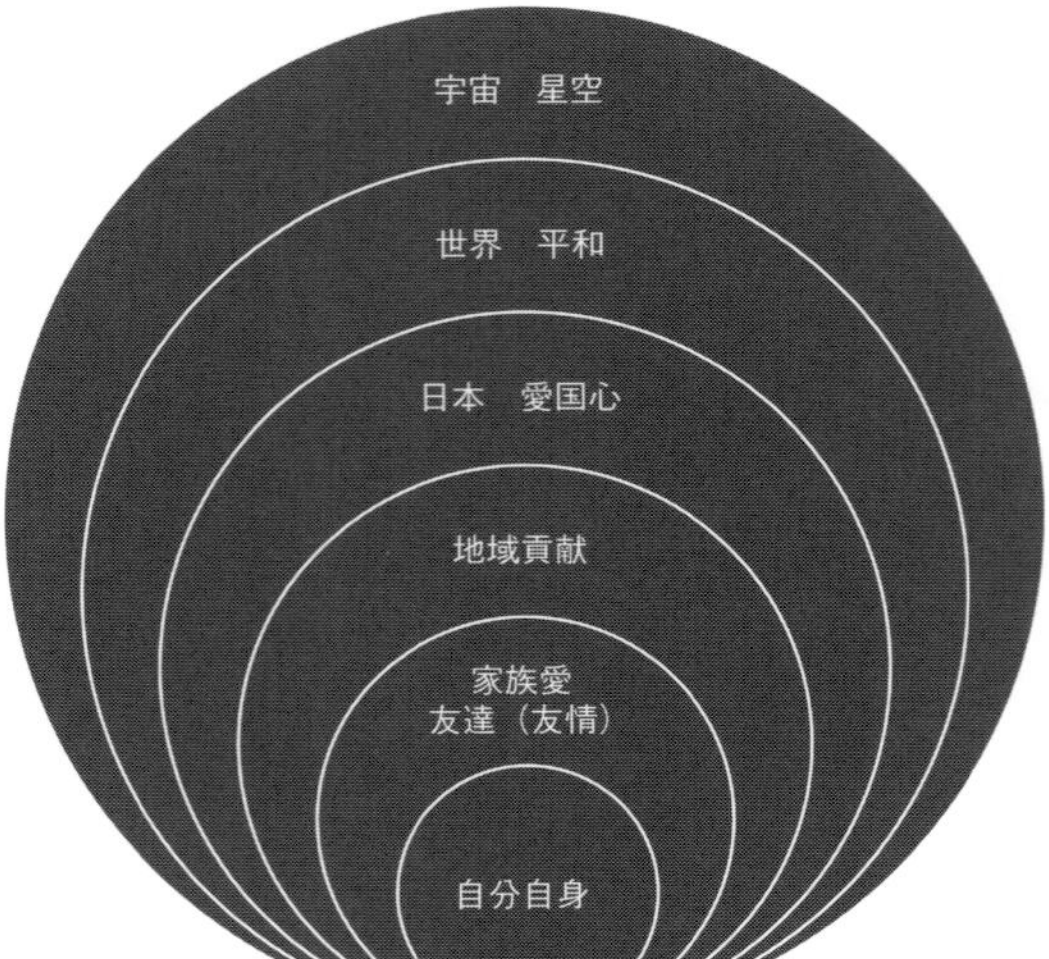


自分からの始まり

# 自分からの始まり

## 愛国心はどうやって生まれるの？

最近、Google Map を見て驚いた。わが家に居ながらにして、米国に住んでいる私の子供たちが通う大学や寮、さらには学生までもが、世界地図から絞り込まれながら確認できる。技術の進歩の速さには今さらながら驚かされる。そして、なんと人間はちっぽけな存在なのだろうと感じた。

衛星から見た私たちの存在。逆に今度は、外に出て夜空を眺めてみた。キラキラと輝く星空を見ていると、なんと美しいことか。そして、大きいはずの星たちがとても小さく、しかし強く輝いていることに感動し、夢が広がる思いがしたのである。宇宙の中に自分が居る、という実感だ。

10 億分の 1 m、100 万分の 1mm。ナノメートルの世界の技術をナノテクノロジーと呼んでいる。ここでも、研究のあり方には 2 通りがあるらしい。すなわち、大きなモノをダウンサイジングさせながら、小さな世界に置き換えていくトップダウン思考と、逆に小さなモノを見つめながら、大きくサイズを膨らませていくボトムアップ思考である。どちらも欠かせない思考方法なのだそうだ。

森信三氏（昭和の大哲学者）が、愛国心とは何ですか、という問いに対し、「それは自らを愛することから始まる延長である」と答えた。すなわち、自分を愛し、家族を愛し、友人や仲間を愛し、自分の住む町を愛し、市を愛し、さらに県を愛し、地域を愛し、日本を愛する。アジアを愛し、ユーラシア大陸を愛し、世界を愛し、地球を愛する。そのこころが愛国心であると。

まるで夜空を見つめる自分の目から発せられる光線が、スパイラルになって広がりながら、星を包むような雄大な考えであるように感じた。ここでは決して、国が

# 創造の楽しみ

前人未到の創造がある。

ライト兄弟が初飛行に成功したのが、１９０３年12月17日、ノースカロライナ州キティーホーク近くのキルデビルヒルズだった。12秒間で37ｍ飛行できたらしい。短い距離だったかもしれない。しかし、彼らの航空力学と飛行機の設計に関する研究は、現代の航空技術の基礎となっている。

徒歩から馬、そしてワゴン車へ、人の移動に対する手段は大きく変化を遂げ、航空機の開発により文字通り飛躍的に距離を伸ばし、時間を縮め、活動の範囲が拡大した。移動できる自由は、人類にとってかけがえのないものになった。コロナ禍の移動の制限が、人々に閉塞感として覆いかぶさっていたことは、記憶に新しい。誰もが持つ、空を鳥のように飛びたいという憧れを実現した彼らは、きっと無理だと諦めていた人々に「どんなもんだ」と思ったことだろう。

既存の物事を違った視点で改造する創造性もある。一定の熟慮の後、業界の常識は形成されている。しかし、なぜそのような常識なのか問いかけてみると、誰も正確に答えられない場合が多い。

そんなとき、業界のパイオニアではない後発のメーカーが良い視点を生み出す場合がある。実際、当社は創業時のカメラ用ジャバラでも後発だった。他のジャバラもすでに先行メーカーがあった。

しかし、後発にはチャンスがあった。

現状に疑問を持って常識を打ち破ること、創造性に灯をともして実現することは、このように楽しいことだ。自分と未来は変えられる。ここでも、「こんなもんだ」から「どんなもんだ」を重視する姿勢が感じ取れる。

当社は、1972年にカメラの蛇腹を手がけることになった。当時、中学生にまで流行していた、自分が撮った写真の加工ができる引き伸ばし機と呼ばれる光学機器の要素部品であった。すでに価格競争に突入しており、廉価こそが市場参入のチャンスのように見えた。

EVAというビニール素材で製法を単純化し、大量に生産することができた。これは特許にもなっている。しかし、耐熱性不足の関係により1,650台もの返品を被ることになる。ポラロイド社からの強い要望で、3層の構造である古典的なカメラの蛇腹を設計して2カ月で完納し、幸いにも顧客から絶賛を受けたことが当社の始まりとなった。

蛇腹構造のカメラを世界で初めて開発したのは1839年、仏アンクーラジュマン社から出たダゲレオタイプカメラを設計したアルマン・ピエール・ド・セギエ男爵と言われている。また、伸縮率を向上させるためにテーパー型蛇腹を提案したのが、1856年のキニア氏である。それまで、角あり蛇腹が主流であったところを、1880年には角なし蛇腹が開発されている。すなわち、100年も前からすでに、羊皮や紙などを使ったカメラ用蛇腹は開発されていたことになる。私たちは文字通り後発だった。

ここでの創業者、永井諒の思いは、カメラの蛇腹で世界一になること。そして、カメラという用途に合った、機能を満たした3層構造の素材を一つひとつ開発すること。さらには、工程改善を行った製法の開発であった。志という主観的な核と、素材・製法の開発という客観的な手法の融合があれば道は開けるのである。

その後、「温故知新」の社訓と「無から有を生み出せ」というスローガンの下、世の中にない新しい製品や素朴な疑問を論理的に見極めていく手法で、後発の誹りを受けずむしろ新しい風を多くの業界に吹かせてきた。そのような社会的貢献を果たそうと頑張る姿勢は、私たち後輩に受け継がれているのである。

これからも、やるぞ！

師曰く、「他人と過去は変えられない。変えられるのは、自分と未来だけ」とのことだ。会議室のライオンの如く、先を見据えて取り組みたい。

# 後発ということ

## 新風を吹き込む大きなチャンス

後発とは、事業の場合、遅れて市場に参入することを言う。知識や経験が圧倒的に少ないために、概して先発の企業に後れを取ることになる。また、過去の時間を買い戻すことはできないために、この差は埋めがたく、社会的貢献などとても覚束ない印象を持つのである。

さて、ではチャンスは本当にないのだろうか。

会議室のライオン

# 人の縁と当事者意識の関係

人は誰でも、一回しかない人生を生きている。そこで、人生の主役としての当事者意識を問題にしたい。

英語で当事者意識を調べると、Ownershipなどぴったりくる訳がない。そもそも欧米人は、自分が主役だと意識的に自覚している。そう教育される。

それに比べて、わが国の若者はいかがだろうか。

生まれる前の出来事だからと戦後の高度成長にも関心がなく、周りの若者は非正規雇用が増え、限られた収入で時代に流されＳＮＳの中で生きている。自分の将来ではなく、現状の中での好き嫌いで生きている。自分が家族の主体として結婚し、子供をつくることも躊躇する。

家族を守る意識は、人生の主役としての当事者意識から派生するものと考える。私の周りにも、家族を守るため人生を大切にしたい、と考える若者たちがいる。すごく頼もしく思える。この意識は大前提である。必要条件だ。

次に、自分が所属するナベルの社員としての当事者意識が重要だ。この2つ目の当事者意識について述べよう。

人生一度しかないのは、前述したようにみんな平等である。ところで、職業を何にするか。毎日働き、生計を立てて行かねばならない。さまざまな契機があり、人それぞれ会社を選んだり独立したりする。

一日のうち朝8時から夕方6時という時間は何でもできるゴールデンタイムであり、会社で過ごす時間は長く、自己実現や自己発見には欠かせない大切なものだ。仕事を充実させるのは、人生の充実に直結する。

私は以下に掲げる、人との出会いに関する森信三先生の言葉が重要だと思う。

「人間は一生のうち逢うべき人は必ず会える。しかも、一瞬早すぎず、一瞬遅すぎないときに。縁は求めざるには生ぜず、内に求める心なくんば、たとえその人の面前にありとも、ついに縁は生ずるに到らずと知るべし」

ある会社に所属するも、独立して起業するも、仕事に関する人生の縁は自ら求めなければ得られない。人との縁なくしては、深い仕事はできない。

つまり、最終的には自分自身をインスパイアすることにつながる人の縁も、たくさんのこ換し合い、確認することがある。「これでよいだろうか？」と。

①手紙を出すという行為

柳生家の家訓に、「小才は縁に出会って縁に気づかず、中才は縁に出会って縁を活かせず、大才は袖振り合う縁も活かす」があるらしい。袖振り合う以上に、直接会って話を伺えた縁は大切にしたい。それは、自分の運命を豊かにすることだ。この意識がまず必要なのではないか。社業のためにではなく、自分の人生を豊かにするというベースが、「営業でまず自分を売り込みなさい」という教えになっているのかもしれない。

②内容

手紙を出す目的が、人生での邂逅を喜び、感謝する気持ちのものであるとすれば、その内容も自ずから感謝の気持ちが現れることになる。

③返事を受けるということ

お互いが高められる、という関係を重視している相手からは返信が来る。自分がお礼状をもらったら、必ず返信を出すように心がけよう。

④常に交信できる関係

人生での出会いを、感謝と前向きな関係で構築できれば、こんなに素晴らしいことはない。この人間関係は、大きな人脈になっていく。

このレベルが社内で共有できれば、顧客からのメールの受信記録の確認だけではなく、部下の他者への発信記録の確認が重要になってくる。今、当社では「知的熟練者とは何か」について各部門で検討している。各部門で求められる人物像を明らかにして、人材育成の目標を自分も含めて設定し成長していこうとする試みである。

社会人人生の中でさまざまな出会いに感謝していく道程も、重要な知的熟練者への条件かもしれない。文を出すことに勇気を持って臨んでいこう。

# ビジネスの要諦

## お礼状の大事さ

昔、何かの本で仕事の仕方について、「知恵出せ！　声出せ！　汗出せ！　そして、文出せ！」というものがあった。なるほど確かに重要なことばかりだが、「文出せ」という意味を深く考えたことはなかった。

創業者である父は、達筆であることもあって、事あるごとに顧客にお礼の気持ちを文章で表していた。領収書などにも必ずひと言添えていた。父からは、それが大事だと教わったことはなかったが、二代目として人脈をつくりそれを広げていくことに、お礼状が欠かせないことは何となく感じて実行していた。

私の先輩で、THK 台湾の総経理であった大上進氏に、12 年半にわたるマーケティングについて聞いた。彼は顧客との関係を大きく再構築し、日本円で 60 億円近くに売上を伸ばすことに成功した。THK の製品については、高品質であることを顧客がよく知ってくれていて、技術的な説明は不要だった。しかし、台湾企業との人脈の構築は急務であった。しかも、トップとの面談を地道に進めていった。そして、今から振り返ってとても重要であったことは、面談後に出すお礼状だったと教えてくれた。

返事のない人も中にはいる。しかし、ほとんどは返事をくれて、文章のやり取りが始まっていく。帰任の際、「君が帰ると、継続的な取引をするかどうかはわからないよ」とも言われたことがあったらしい。

礼状。簡単ではない。どうすればよいか。また、真の効果とは何だろうか。文章には、その人の考え方やスタンス、つまり人柄そのものが映し出される。それだけに、なかなか簡単に出せないものだ。私も常務の家内もよく文章を意図とともに交とを学び、創造的な人生を送る教養と刺激を得る積極的な人生意識、当事者意識と不可分であることがよくわかるのである。

家族のためにも、自分の人生を大切に考えている若者は多い。その彼らが、人との縁を通じて当事者意識を発揮できれば、新しい創造性への道は開かれているだろう。社員や国民にこのような人が増えれば、低迷からの脱却は時間の問題ではないか。

## 戦略領域の意識的深掘り

現代の情報化社会で、自分の守備範囲を見極めることの重要性はすでに述べた。そして今、私たちができるシーズの理解を深めることが重要だ。できる事柄を増やす創造性にもつながるからである。

30年近く前からのお付き合いであるＩＫＯの元取締役米田道生氏が定年後、当社に来てくださった。その彼が、知識が整理されわかりやすく調えられたＩＫＯのカタログを見せてくれ、知識の整理を進言してくれた。

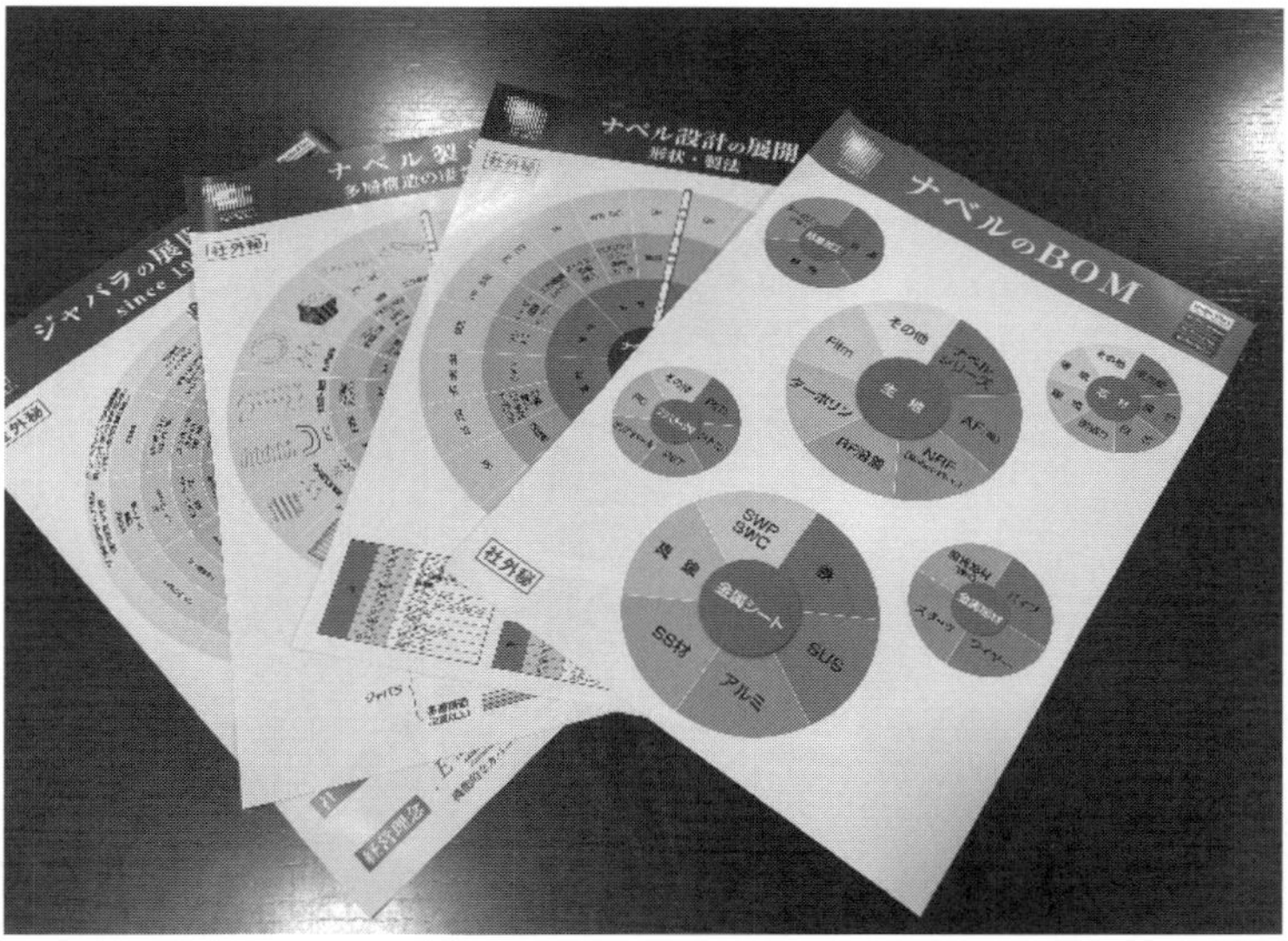


戦略領域を深掘りする数々のツール

私の頭に入っている暗黙知のような情報を、思い切って形式知として整理してはどうかという勧めだった。そこで、私の頭にある内容を図表にして示す努力を始めた。それがジャバラの展開、ナベルの製法、ナベル設計の展開、ナベルのＢＯＭとなって現れた。

戦略領域の認識を深めること、ならびに自社が保有するコア技術やノウハウ、素材などのシーズを把握することは、武芸や茶道などの形を覚えることと同じで大切な一歩である。新しい創造も、その範囲の中にあると考えている。

カメラの蛇腹から始まり、さまざまな分野のカバーをその時々の会社の実力を基礎に広げてきたが、「常にジャバラとは何か?」という疑問との背中合わせだった。

50年以上も前の創業時代からシーズをつくり込み、その時代背景やニーズに沿って新しい素材や製法、ノウハウをどのように獲得していったか、わかりやすく伝えるのも二代目の使命かもしれない。

温故知新――。過去の事情を知るものがＢＯＸを示し、明日の創造性の方向性を導くのは、私たちの資産であり幸せなことなのだと思う。

## 人財を残す

世界一のジャバラメーカーになる。荒唐無稽な話かもしれない。なれるわけがない、と言われそうだ。しかし、一番の席は必ず一つある。さらに、宣言して狙わないと決して座ることはできない。

経験的に、一番大切なことがある。一番を狙うと宣言することは、常にその視点で物事を判断する習慣が身につく。つまり、あるべき姿をどう設定するかという問題に直面したとき、一番を基準に考えるか、できそうな範囲でお茶を濁すかで大きく違ってくる。理想を持った人は、その理想に照らし、常にものを考えるようになると言う。

創造性の基本は、常に「なぜ？」と感じ考えることから始まる。そのときに、何と比べるのか。大切な違和感の設定ポイントが一番を目指すことで、ブレずに、しかも高い理想とのギャップになる。この現実と理想とのギャップが、物質的に豊かになった私たちのハングリーの源になる。

常に、より良いものやサービスを創造する場合、このセンスはとても大切だと考えている。創造性を持ち得る社員を、たくさんつくることが私の夢だ。もし、このことが叶うなら、当社はさまざまな挑戦を続けて社会に貢献できるだろうし、このムードが若者たちの国づくりに結びついていけば、日本を取り戻せると考えている。

人事考課に知識と技能、そして情意がある。さまざまな当社や当社のシーズなどの知識、コミュニケーション力などの技能に加えて、向上心や部下の指導への情熱などだ。知識や技能の教育訓練が重要なのは言うまでもないが、実は情意や志をみんなが持つことこそ、真のた時期がある。しかし同時に、それでは社会的な貢献にならない。顧客をミスリードすることになり、継続的なサービスもできないと感じた。

そこでサービスを充実させ、新しい技術の開発も尽くしながら、「少し高いがナベルから買おう」という顧客を生み出す努力にまい進してきた。「あるべき姿」だ。安売りはダメだ。ただ、利潤追求にはルールがある。松下幸之助が言った適正利潤の追求だ。ここを忘れると、今回遭遇している問題になるのだろう。

現状に満足せず、常にあるべき姿を目指すには欠かせない生活習慣がある。自己反省だ。本当の自信もここから生まれることを知っている。

何かこうすればもっとよかったのではないか。自分の思いを実現できる方法を誤っていなかっただろうか。一本の電話で顧客と感覚を通じ合わせておけばよかったのではないか。手紙を出しておけばきっと相手は喜ぶのではないか…などだ。ビジネスは、情報という流れの中でいつも進んでいく。あるべき姿を求めている人だけに、有用な情報と無視してよい情報の取捨選択能力が与えられる気がする。タイミングを計るのは、野球のタイムリーヒットに似ている。

ビジネスには必ず顧客がいる。顧客と共同でそれぞれが持てる力の120％を出すことで、最終のエンドユーザーに役立つ製品を届けていくのが私たちの使命である。その場合に大事なのは、顧客の思いと私たちの思いとの擦り合わせの継続だ。あるべき姿を考えていこう。

# あるべき姿

## 人はなぜ向上心を持つのか

誰でも現状変更はしたくない、という気持ちが強い。最も楽だからである。私も出張から帰って自宅に着くと常にほっとするし、自分のベッドでいつもの枕で眠ると安らぎを覚える。私への気持ちの変わらない家族が周りにいることも、安らぎの理由かもしれない。いつも変わらない家内の小言も含めて。

また特に私の場合、減量に常に挑戦しながら、頑固なまでに現状維持を続けている。体重に関する私の現状維持能力は、自分で言うのもなんだが天才的だとすら感じるときがある。

このように、人間は極めて保守的である。しかし、常々思い大切にしている行動原理として、「あるべき姿」の追求がある。ビジネスに限らず、政治も家庭も、社会生活を営む人間のもう一方の姿として、本来あるべき姿というモーメントをいつも意識している。

工程改善や TPS 活動も特別大層なものではなく、あるべき姿を求め続ける姿勢だと教わった。確かにそうなのだろう。力む必要もなく、継続的に神様である顧客に直結した工夫を続けることだと言う。楽しく、しかも楽になる方法を考えればよいと思う。あるべき姿はいつも一点で、それに近づける努力をすると決めてしまえば、改善そのものが楽しくなるはずだ。

値決めは経営である。顧客も喜び、自社も儲かる価格は一点である。京セラ稲盛会長の言葉だ。自分が生み出す付加価値を顧客が認め、その顧客が少し高いが許せる範囲と考える最高の価格が、あるべき姿の価格なのだ。私は 30 代から見積りを続けてきたが、後発メーカーである以上、価格以外にすがるものはなさそうに思え教育なのかもしれない。

高い志を持って、一人ひとりが創造性を日々発揮し、自分が居る場所を照らすことができれば会社も発展し、ひいては一燈が万燈となり、国の様子も変わってくるだろう。「一燈照隅、万燈照国」という昔からの重要な言葉である。

## 表現能力について

子供の頃、なぜか家には人の動作のイラスト集があった。スポーツや多様な仕事をする姿、日常の家事仕事などの静止画像である。パラパラとページをめくりながら想像するのが楽しかった。

創造性を発揮する場合、自分のアイデアを映像的につかみ、かつ他人にそれを表現する力が必要だ。絵の上手下手はあまり関係ない。新しい創造では必ずその形をイメージする。「私のアイデアはこんな感じになります」というように、他人と共有する活動を必ず実行している。

今は、ユーチューブやグーグル、チャットGPTなど、便利で即座にイメージを手にできる時代だ。静止画像の連続的な漫画の世界では、わが国は世界的にも進んでいる。しかし、ここでのイメージのとらえ方は他人の上手なイラストではなく、稚拙でもいいから自分から発せられる絵だ。

創造性を発揮するには、まずイメージを形にするイラスト化を勧める。デンマークの教育で、自己表現としての絵を描くことが挙げられていると紹介したが、創造した自分のイメージを絵にすることも自己表現の一つと言えるかもしれない。

## 創造性の獲得とリーダーシップ

一昨年、ナベル50周年記念の集いに山路顧問の友人で、私たちが参加している三重県の経営者勉強会「夢・志事塾」のアドバイザーであり、元経済産業省で、現在は青山社中筆頭代表ＣＥＯの朝比奈一郎氏に特別講演をお願いした。青山社中は政策支援・シンクタンク、コンサルティング業務、教育・リーダー育成を行っておられる。

当日のテーマは「激動の時代とリーダーシップの必要性〜世界、日本、地域をどう見るか、始動力の必要性〜」だった。維新の発祥地である長州、そして多くの志士を導いた吉田松陰の生誕地である萩で、力強い講演をいただいた。そして私も含め、参加者一同は非常に感銘を受け、充実した時間を共有できて素晴らしい記念日となった。

朝比奈氏は、経済産業省に入省後、エネルギー政策、インフラ輸出政策、経済協力政策、特殊法人・独立行政法人改革などに携わり、ハーバード大行政大学院を修了（修士）している。"Japan as No.1"の著者エズラボーゲルに師事し、リーダーシップに関する研究をされた。

リーダーシップは、日本語で指導力と書く。指図という言葉もある。しかし、人を指で導くのがリーダーシップだろうか。社会は人の集まりで構成されている以上、行動指針を定めるリーダーが必要となる。

朝比奈氏は著書「やり過ぎる力」で、リーダーシップは「始動力」だと言及している。指導力とすれば、リーダーになるには能力があり、選ばれた人しか当てはまらないことになりそうだが、本当のリーダーは、初めにコトを始動させる能力のある人とすれば、すべての人がリーダーになり得ると主張する。

経産省在職中に、各省若手と中央省庁の縦割りをなくそうと「新しい霞が関を創る若手の会（プロジェクトK）」を立ち上げ、代表に就任。公務員制度改革や業務改革に道筋をつけた。

私は、会社の承継にも、国力の回復にも創造性の発揮が必要と述べてきた。人間、誰にも備わっているというこの能力に灯をともそうとするのがこの本の趣旨だ。これはすなわち、各人が自分の人生のリーダーとして生きることを意味する。人生の当事者意識と主体性を獲得することだ。

私たちは一回しかない人生を、その主役として創造性を発揮していきたいものだ。自分のありたい姿を定め、工夫する人生をつくり上げたい。その積み重ねが、企業も地域も、国をも変えていくことになるだろう。

## 信天翁というエッセーにした理由

私は、エッセーを書くことが好きなのかもしれない。

２０１０年のリーマンショック時に、社員に自分の考えを伝えることの重要性を感じ、始めたのがきっかけだった。社員に対しては、あの困難な時期に社長としての志や考えの安否確認にもなったのではないか。気をつけていることは、５Ｗ１Ｈを意識し、できるだけ一文一内容にと短文を心掛けた。

ルールは2つあり、必ずＡ４用紙で1ページに収めること。ただし、情報量によっては12ポイントを標準とし、10ポイントまで文字サイズを変更する。そして、信天翁というペンネームで発信することだ。ペンネームで配信することは、読み手に「自分」を加えることになる。つまり、自分の文章を可能な限り客観的に構成する作戦だった。

なぜ、信天翁なのか。それは、大学（関西大学法学部）時代からのペンネームだ。アホウドリと読む。英語ではアルバトロスだ。当時、貧乏学生だったから、ゴルフも知らず名づけてしまった。

ただ、アホウドリは鳥類の中で一番飛行時間が長く、地球を数回にわたって横断することができる。衛星追跡データによれば、一度の旅で1万６０００km以上を飛行することが確認されている。陸地に降りることなく、海上で餌を取りながら生活できるそうだ。つまりは継続性の天才だ。さらに、天を信じるとあり、今の自分の至らなさをあるべき姿に近づけようと、翁になるまで継続している姿が気に入った。

ビジネスは一獲千金を望むのではなく、可能な限り継続できることが望ましく、物事の判断で継続性の有無を基準にしている。信用に支えられた継続的なブレない態度を重視したいと思っている。

Ａ４一枚は、かなりの情報が書ける。また、切り口はいつも自由で新鮮、思いのままに、伝えたいことを次々にあふれるように書き留めていく。どのようなことを伝えたかったのか、完成後に自分も一読者として「こんなことを考えていたのか！」と確認する楽しみがある。

59歳から61歳まで、三重大学の大学院で学んだ。博士論文の作成にも、このエッセーを書く習慣は大いに役立った。２２０枚を超えるその時々の気づきを書き溜めてきたが、今後も続けて行こうかと考えている。人間として、ビジネスマンとして未熟な自分が翁になるまで、天に向かって飛び続ける姿がこれからの楽しみなのかもしれない。

# おわりに

中小企業の事業承継に、新しい市場への新しい挑戦が、市場の変化を言い訳にしない経営に重要だと話をしてきた。そのために必要な創造性を励起させる方法を、事業範囲の特定や深掘りと常に「なぜ?」を大事にし、自らをインスパイアし続けることだと綴ってきた。創造性の範囲を中小企業各社の戦略領域に絞って論じたが、実はその範囲は限定されるものではなく、広く私たちが生きていく上で興味のあることに適応できるだろう。

誰にも共通の条件は、一日が24時間であることと、一回しかない人生だということだ。各人寿命に差があっても、大切な一回の人生であることは同じである。

「なぜ?」と問いかけて、創造性を励起することができれば、その感覚が習慣になり、人生の味わい方に差が出てくると感じている。創業者も二代目も三代目も、またそれぞれの時代の社員もその家族も、一人ひとり自分の大切な人生を、より楽しく意義深くする権利がある。生きることに夢中になることを、誰も制限することはできない。

つまり、自分の気持ちに素直になり、生まれながらに誰にもあるこの心の叫びに、耳を傾けることから始めてはどうかと考える。自分自身以外に制限を加えるものはない。また人は、この個人的な範囲では十人十色だ。そして人生にワクワク感が生まれ、最高のパフォーマンスを目指す情熱が生まれ、積極性が生まれる。他人の敷いたレールに乗るだけではなく、自らの心に従い、創造性を発揮することで誰もがクリエイターになり得る。

私は、仕事における新たな挑戦を続けている。特許など知財活動も積極的に行っている。なかなか厳しいが、毎日が楽しい。今までになかったことが、発想の転換で変革をつくり得るからだ。

しかし、楽しいことは他にもある。40歳のとき、創業者に米国工場の立ち上げを命じられ、単身赴任をしてから料理の楽しさに出会った。ノースカロライナ州に、拠点を定めるきっかけをつくってくれたカメラワールドの社長ジャック・N・キング氏の影響も大きかった。

「規夫、ちょっと裏庭に来ないか？」と言われるままに裏庭に行くと、そこにはモクモクと煙が上がっている大型の燻製装置があった。中には、豚の大きな塊肉と、ヒッコリーの木が燃えていた。「このナイフで削ぎ取って食べてみろ！」と言われ口にした途端、この世にこんな旨いものがあるのかという感触と、どこか懐かしい、とても古い時代、生まれる前から馴染んでいたような感覚を持った。

実に旨い。

「味付けは、どうするのですか?」「ソルトだけだ」というこの燻製初体験は、今も衝撃的だったと記憶している。

ジャックさんは写真用品の卸や小売りを手広くしていて、中古カメラのコレクターであり、コダックの相談役などをする著名な実業家だ。彼は多趣味で鉱物を収集し、その石を加工してアクセサリーをつくったり、詩を書いたり、料理をしたり、今から思えばいろいろな分野でのクリエイターだ。

私が渡米した際には、忙しいのによく面倒を見てくださった。今でもナベルのゲストハウスには、彼が私や家族に贈ってくれた折々の詩を飾っている。

米国の生活では、それまでのように家内が食事をつくってくれない。ハンバーガーばかりだと体に良くない。自分でつくる必要が生じた。趣味ではなく、私にはすでに自分の腹を満たすニーズがあったということだ。

工場建設までの調査時に、米国へ通う生活でビーフジャーキーに出会った。彼らはでき上がったものを買うだけでなく、グローシャリーストアーから肉を買ってきて、「今回は鹿肉だ」などと自分の味付けを家族で楽しんでいる。30＄も出せば、味付け肉を乾かすドライヤーが販売されている。

思えば私の父も、若い時分に食道園から学んだという焼き肉をよく家族や社員に振る舞ってくれた。今もその味は、私が受け継いで大切にしている。

1998年から、料理が趣味になっていく。そして、料理とジャバラビジネスが、実によく似ていると感じるようになった。

自分が板前だとする。馴染みのお客様が一人でやってくる。いつもの元気がない。やけに疲れた顔をしている。何か仕事でトラブルでもあったのだろうか。

食材は、いつもの仕入れ品が揃っている。でも、最初の一品に、タコときゅうりもみの酢の物を特別につくってあげよう。次に、温かいハマグリのお吸い物を出してあげよう。しばらくすると、元気を取り戻していく様子がわかる。

ジャバラも、素材はオリジナルのものも標準品も揃えてあり、製法も20種類ほどナベルにはある。お客様のカバーの必要とされる状況に、最適なものを最適なタイミングでお出しするのが私たちのビジネスだ。

は食材をこの液に漬けて、１週間ほど冷蔵庫に入れて寝かせる。

続いて塩抜きは、ピックル液や酒の調味料を捨てた後、流水で洗う。その後、薫煙をつきやすくするため、70℃くらいの温度で表面の色が変わる程度湯がく。乾燥は、手ぬぐいやキッチンペーパーなどで水分を十分拭き取る。ネットの中に入れて風にさらすことも良い方法だが、冷蔵庫の中も十分乾燥させることができる。

燻煙には、冷燻、温燻、熱燻の３種類がある。冷燻は、スモークサーモンや生ハムなどに使う方法で、30℃以下の環境で、直接素材には熱を加えない方法だ。温燻は、30 ～ 80℃以下の温度で数時間燻す方法で、ベーコンやハム、ソーセージをつくるときに用いる。私は、保存目的ではなく、煙の懐かしさと奥行きのある味覚を楽しむため、80℃以上の熱を短時間に素材に加える熱燻を使用している。落葉広葉樹の葉っぱや枝、幹が最適だ。燃やして樹液に油が混じる針葉樹の葉は向かない。木の油の匂いが肉に移り、おいしく仕上がらないからだ。ヒッコリーや桜など落葉広葉樹そのものが持つ香りを煙にして、下味をつけた肉などにまぶしていく。このプロセスが、楽しみと美味をつくってくれるのだ。

欅の切り株をもらってきて、いきなりその下部に火をつけて熱の通しと香り付けを一度にしてしまい、確かに煙は味わえたが、真っ黒焦げになる失敗を何度か繰り返した。その後、炭火でじっくり中まで火を通してから最後にチップを燃やし、煙をかけることに成功。見た目も美しい燻製ができるようになった。

水を少しかけると、煙が大量に出ることも知った。自己流で始めるために最初からうまくいかないのはいつもの私の悪い癖で、オーソドックスを学ぶことは、人間社会ではとても重要だと反省している。知新温故になっている本当に悪い癖だ。

最後に食材について。鳥のムネ肉・ささみ・豚の三枚肉・モモ肉・生鮭・牛のモモ肉・レバーなどをよく使う。レバーは、ミルクに浸けて中身の血液を抜くひと手間がかかるが、結構おいしい。こんにゃく・ゆで卵・はんぺん・えび・チーズなどお好きなもので、あなたも試してみてはいかがかな。

燻製機は炭火のグリルなどで十分代用でき、あまり道具にこだわらなくてよい。寒くなってきた。燻製の季節。家族の笑顔を思い浮かべつつ、仕込みをしていこう。

# 燻製

## つくる楽しみ

1998年、初めて燻製の旨さに感動したのは、ノースカロライナ・シャーロットのLake NormanにあるJack King氏の自宅だった。彼が私たちのために、庭の燻製機で豚のモモ肉のスモークをつくってくれていたのだ。味見に削ぎ取ってくれたひと切れが口に入った途端、何か懐かしく、そして奥ゆかしい幸せ感が体中に広がったのを覚えている。もう味見が止まらない。見る見るうちにモモ肉が細くなっていった。

おいしいが、つくるのも楽しみで私の趣味になった。燻製機械はこれで3代目だ。

燻製の工程は大きく分けて、塩漬け—塩抜き—乾燥—燻煙の4つになる。

塩漬けの目的は、食品の保存性を高めることと、素材の熟成を進めおいしくすることだ。Jack氏は、直接肉に塩を擦り込んでいた。乾塩法（振り塩）と呼ぶ。素材の水分が抜けやすく、保存に利く。燻製の本来の目的が保存であったので、基本的な方法だ。私は、湿塩法（たて塩）と呼ばれるソミュール液・ピックル液につける方法が好きだ。素材に塩漬けのムラができないことに加え、香辛料などで好きな味付けにできるのが利点だ。手間だが、どんな味に仕上がるか考えるのがとても楽しい。

ピックル液は、水1.75Lに、塩320g、黒砂糖150gをよく混ぜ合わせ、醤油100ccを加えて沸騰させる。吹きこぼれないように火を弱めて、丁寧にアクを取りながら15分から20分煮立ててつくる。これはペットボトルにつくり置き、冷蔵庫で保存する。味付けは、ニンニクのチップや赤唐辛子、黒胡椒、生姜、ハーブ、イタリアンスパイス、レモンなどをそのときの気分で入れる。塩気を抑えるために缶ビールや酒、ワインも有効だ。少し気の抜けた酒が残っていれば何でもいい。私エンドユーザーの喜ぶ姿を想像し、美しいジャバラを、心を込めてつくる。先ほどの例では、元気になった馴染み客がエンドユーザーなのだ。

米国では製造支援で、日本から若者を何人か定期的に私の自宅に迎え入れ、合宿をしたことがあった。普段はあまり話さない、どちらかというと口下手な人前で緊張する子が来た。ピアノが上手くて料理も上手い。その子にカレーのつくり方を教わった。玉ねぎは根気良くアメ色になるまでゆっくり炒め、とても美味しい。日曜日には朝から仕込み、木曜までごはんやパン、麺で食べていく習慣ができた。

他にも、料理は面白い。

調味料を計ることで記録すれば、食材が変わってもそこそこ同じ味が出せる。本書には、私のレシピをいくつか紹介しておいた。参考にして欲しい。

音楽をしたり、本を書いたり、絵を描いたり、人は自分を表現するとき師匠の真似をし、学び、考え、自分の考えを構築し、やがて一本立ちをしていく。茶道や武道における守破離だ。この過程を貫いているのも創造する力だ。

創造性があるというのは、一部の人の特権ではない。人生を豊かに、楽しく、夢中に生きる人々に与えられた権利だ。さあ、一人ひとりの創造性を励起させよう。

# 付録　料理で創造性を試す

**いろいろ試すのが楽しい**

食材選び・ピックル液改良・シーズニング挑戦・燻製チップの選択など

**煙は、落葉広葉樹で**

チップ状のものが各 DIY 店で売られているが、日本のどこででも入手できる桜の木が最適。枝はよく落とし、葉っぱも落葉樹なので落ちたものを集めておく。公園の管理事務所に事前に話をして、もらって帰るとよい

**燻すときは、水に浸けたものが煙をよく出す**

**料理したての燻製肉は最高にうまい！**

**また、お世話になった知人に贈ることも楽しい！**

**肉処理レシピ**

| | | |
|---|---|---|
| ●ピックル液：ビール | 5：3 | 以下ジューサーで |
| ●バジル | 大さじ 2 | リンゴ× 2 |
| ●ニンニクチップ | 大さじ 1 | キウイ× 2 |
| ●イタリアンシーズニング | 大さじ 2 | レモン× 2 |
| ●赤唐辛子 | 大さじ 1.5 | 生姜　1 かけ |
| ●黒胡椒 | 少々× 2 | |

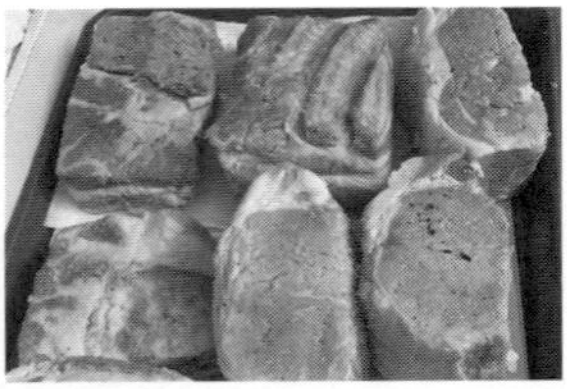
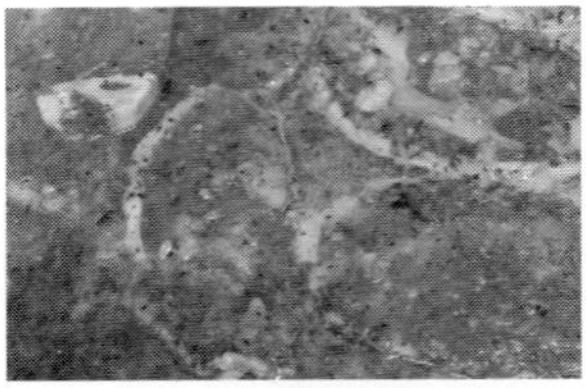

付録
料理で創造性を試す

# ①燻製　乾塩法・湿塩法

塩漬けが必要な理由
1. 生臭さの成分を取り除く
2. 水分の除去
3. 過剰な塩分を与え、その塩抜きを行うことにより食味が整う

- 三枚肉・ロース肉・鳥のムネ肉・サーモン・牛レバー
- ピックル液
- ビール＋ニンニク＋生姜＋黒胡椒＋赤唐辛子＋イタリアンレモン＋リンゴ＋柿など
- 1週間から10日間　冷蔵庫で
- 塩抜き　冷水で
- 70℃で湯がいて乾燥　表面に煙がつきやすいように熱薫
- 炭火で調理
- 桜の枝を水に濡らして煙をまぶす　最後の工程

初めて口にしたのはJack Kingがふるまってくれた、塩を擦り込んだだけの豚の燻製。こんなにうまいものが世の中にあるのかと感動

## ピックル液のつくり方

水………1,000cc　塩………40g　三温糖………20g
スパイス………好みに応じて
⬆上記を煮立て、冷ましてから使う
※基本のソミュール液は、水に対して4%の塩と2%の糖。あとはスパイスをお好みで

**永井家のピックル液**
水………1.75L　黒砂糖………150g
醤油………100cc　塩………320g

付録
料理で
創造性を
試す

# ③永井家の味　食道園

## 二杯酢に家族が集う家の味

- **肉**：牛肉（タン・カルビ・ツラミ・ホルモン・ミノほか）・豚肉・鶏肉
- **調味料**：醤油・酒・みりん・砂糖・唐辛子・ゴマ・ごま油・胡椒・生姜・葱
　分量目安　左から　1：1：0.5：0.5　あとは少々・お好みで
　（注意点：甘すぎると美味しくない。醤油の味も要チェック、漬け込む時間は最低 2 時間）お酒・ビール・白ご飯に最適
- **タレ**：二杯酢

エピソード：大人数で楽しく食事をする人生の豊かな時間。父・永井諒が食道園で学んだレシピ。家族に父親が料理する、この習慣を受け継いでいく

# ②秋刀魚　新米との相性は抜群！

- 秋刀魚　6尾　頭と尾っぽを除いて4等分
- 生姜2個　米酢　500cc
- コトコト　臭み抜き
- ほぼ水分がなくなるまで

醤油……200cc　こんにゃく
日本酒……500cc　煮詰まるまでコトコトと
砂糖……大さじ2

**弁当のおかず、新米と最高のマッチング**
**この料理は、料理研究家の土井善晴氏のテレビを早朝観て記憶し試したのがきっかけ。ポイントは醤油を控えめに**
**イワシでも試したが脂が多くて、やはり秋刀魚が合うかな**

付録
料理で創造性を試す

# ⑤餃子（揚げ・焼き）小籠包風

ホタテ・シイタケ・ミンチのジュースが口いっぱいに広がり、
手づくり皮がよい食感

## まずは、もっちり皮づくり

- 強力粉・薄力粉　1：1　（タンパク質の割合が12%以上と8.5%以下の違い）グルテン（グルテニン+グリアジン）の量の違い。発酵により粘りが落ち着く
- 塩　小さじ1
- 熱湯でこねて、まん丸にしてサランラップで冷蔵庫　30分寝かせて発酵
- 直径25㎜の丸棒でカット　すりこぎ棒で丸く伸ばす　片栗粉または強力粉

## 次に具材

- 合い挽きミンチ　500ｇ　ホタテ　2パック
- エビ（ブラックタイガー）　10尾
- ニラ　1束　　白菜　半分　　シイタケ　3つ
- 赤唐辛子、生姜、ニンニク　少々

付録
料理で
創造性を
試す

# ④ビーフジャーキー（和風仕上げ）

- 脂身や霜降りのない赤身の牛肉
- 米国・豪州産モモ肉
- 茹で上げホタテ
- ブラックタイガー
- 醤油、日本酒（1：1）・赤唐辛子・ゴマ・胡椒
- 市販のだしの素　1袋
- 生姜・ニンニク　適当
- 具材を切って冷蔵庫に一昼夜
- ドライヤーにかけてさらに一昼夜

**米国単身赴任の帰国時につくると、子供たちはでき上がったジャーキーをドライヤーからポケット一杯に詰め込んで小学校に出ていった**

付録
料理で創造性を試す

# ⑦カルボナーラ

生クリームを使うバージョン（本来は使わない）

**1人前**

- スパゲッティ（1.7mm）　80g
- パンチェッタ（厚切りベーコンでも可）25g
- オリーブオイル　大さじ1.5
- 白ワイン　大さじ1
- A 卵黄　Mサイズ1個分
- A 生クリーム（動物性　脂肪分35%）40ml
- A パルメザンチーズ　大さじ1
- A 黒胡椒　適宜
- 湯　適宜
- 塩　湯に対して1%

パンチェッタとは、カルボナーラによく使わる豚肉の塩漬けのこと

# ⑥ミートソースとパスタ（ボロネーゼ）

料理の仕方で本当の野菜のうま味が体験できました
びっくりするようなおいしさだった

## 1　野菜のうま味

6人前
- セロリ　1束　　玉ねぎ　1個
- トマト　1個　（人参1本でもOK）
- ニンニク　1かけは5㎜角にみじん切り
- たっぷりのオリーブオイルで揚げ炒め30分
- 塩・胡椒　少々
- トマトピューレ　1袋
- トマト缶詰（ホール）1缶

## 2　肉のうま味

- 合い挽きひき肉　約600g
- 塩・胡椒・擦りニンニク
- ハンバーグ状に丸めて強力粉をまぶす
- 一晩寝かせる

- フライパンで、オリーブオイルで炒める適当な大きさで炒め、肉の触感を残す
- 赤ワイン200ccで仕上げ

最後に1と2を混ぜて火を通す。後はパスタを茹でて上に適量盛りつける

# 参考文献

吉川洋　人口と日本経済　中公新書　2016年
平川克美　移行期的混乱　ちくま文庫　2010年
平川克美　「移行期的混乱」以後　晶文社　2017年
高橋敏　江戸の教育力　ちくま新書　2007年
クリスチャン・ステーディル、リーネ・タンゴー（関根光宏・山田美明 訳）世界で最もクリエイティブな国デンマークに学ぶ発想力の鍛え方　クロスメディア・パブリッシング　2014年
オッレ・ヘドクヴィスト　可見鈴一郎　ヴァイキング　7つの教え　徳間書店　1999年
グレイン調査団　歴史を変えたメイド・イン・ジャパン　ニッポンの大発明　辰巳出版　2010年
武田知弘　大日本帝国の発明　採図社　2015年
川上徹也　400年前なのに最先端！　江戸式マーケ　文藝春秋　2021年
上山明博　発明立国ニッポンの肖像　文春新書　2004年
小平紀生　産業用ロボット全史　日刊工業新聞社　2023年

ジェームス・C・アベグレン（山岡洋一訳）　新・日本の経営　日本経済新聞出版社　2004年
ウリケ・シェーデ（渡部典子 訳）　再興 THE KAISHA　日本経済新聞出版　2022年
ミッシェル・ゲルファンド（田沢恭子 訳）　ルーズな文化とタイトな文化　白揚社　2022年
孫 震（池田辰彦・池田晶子・曾 煥棋・許 之威 訳）　21世紀の儒家思想　集広舎　2021年
白洲正子　たしなみについて　河出文庫　2013年
ジェームス・W・ヤング（今井茂雄 訳）　アイデアのつくり方　cccメディアハウス　1988年
坂本光司　新たな資本主義マネジメント　ビジネス社　2021年
芥川龍之介　神神の微笑　青空文庫　2014年
ピーター・ティール（関美和 訳）　ZERO to ONE　NHK出版　2014年
斉藤孝　実語教　致知出版社　2013年
斉藤孝　童子教　致知出版社　2013年
西尾久美子　京都花街 人育ての極意 舞妓の言葉　東洋経済新報社　2012年
上坂欣史　日本製鉄の転生　日経ビジネス　2024年
M.ラマヌジャム・G.タッケ（渡辺典子 訳）　最強の商品開発　中央経済社　2018年

参考文献

松尾豊　超ＡＩ入門　ＮＨＫ出版　２０１９年
西尾久美子　おもてなしの仕組み　中公文庫　２０１４年
中村賢一　お伊勢さんと遷宮　伊勢文化舎　２０１３年
朝比奈一郎　やり過ぎる力　ディスカヴァー・トゥエンティワン　２０１３年
唐鎌大輔　弱い円の正体　仮面の黒字国・日本　日経ＢＰ　２０２４年
森信三　修身教授録　致知出版社　１９８９年
井下田久幸　選ばれ続ける極意　朝日新聞出版　２０２４年

〈著者紹介〉

**永井 規夫（ながい のりお）**

1957年大阪府生まれ。1980年関西大学法学部卒業。1988年有限会社永井蛇腹専務取締役就任。1990年から海外営業を開始。1998年ナベルUSA社長就任。2005年からナベル社長に就任。2007年「元気なモノ作り中小企業300社」に選ばれる。2012年ナベル中国董事長就任。2013年知財功労者賞特許庁長官賞受賞。2016年総務省「ふるさと企業大賞」受賞。2017年地域未来牽引企業に認定。2018年三重大学イノベーション学研究科後期博士課程修了。2019年日刊工業新聞社主催「優秀経営者賞」最優秀経営者賞受賞。コロナ禍に際して、社内改革に積極的に取り組みを開始。2022年に創業50周年を迎え、次の50年に向けた計画を策定。書籍「美しいジャバラを求めて」（日刊工業新聞社）を上梓する。2024年の三重県サステナブル経営アワードに選定された。家族は妻と二男二女、ジャーマンシェパード（メス6歳）

**創造性を励起する！**

小さな尖る会社がこだわる事業承継道　NDC335.35

2025年２月17日　初版１刷発行　定価はカバーに表示されております。

©著　者　永井規夫
発行者　井水治博
発行所　日刊工業新聞社

〒103-8548　東京都中央区日本橋小網町14-1
電話　書籍編集部　03-5644-7490
販売・管理部　03-5644-7410
FAX　03-5644-7400
振替口座　00190-2-186076
URL　https://pub.nikkan.co.jp/
email　info_shuppan@nikkan.tech

印刷・製本　新日本印刷

落丁・乱丁本はお取り替えいたします。　2025　Printed in Japan

ISBN 978-4-526-08375-4　C3034